风景园林规划设计

张 琦 谢晓英 杨 鑫 周欣萌 著

广西师范大学出版社
·桂林·

图书在版编目(CIP)数据

风景园林规划设计 / 张琦等著 . —桂林：广西师范大学出版社，2023.9

ISBN 978-7-5598-6286-0

Ⅰ. ①风… Ⅱ. ①张… Ⅲ. ①园林设计 Ⅳ. ① TU986.2

中国国家版本馆 CIP 数据核字 (2023) 第 153448 号

风景园林规划设计
FENGJINGYUANLIN GUIHUA SHEJI

出 品 人：刘广汉
策划编辑：高 巍
责任编辑：季 慧
助理编辑：马竹音
装帧设计：六 元

广西师范大学出版社出版发行
（广西桂林市五里店路 9 号 邮政编码：541004
网址：http://www.bbtpress.com）

出版人：黄轩庄
全国新华书店经销
销售热线：021-65200318 021-31260822-898
凸版艺彩（东莞）印刷有限公司印刷
（东莞市望牛墩镇朱平沙科技三路 邮政编码：523000）
开本：787 mm × 1092 mm 1/16
印张：13 字数：150 千
2023 年 9 月第 1 版 2023 年 9 月第 1 次印刷
定价：138.00 元

前　言

党的十八大把生态文明建设纳入了中国特色社会主义事业总体布局之中，党的二十大提出中国式现代化是人与自然和谐共生的现代化，风景园林行业的蓬勃发展展现了国家与社会的期盼和需求。作为一个应用型专业，风景园林与建筑学、城乡规划共同构建了人居环境科学，这是一门建立在广泛的自然科学和人文艺术学科基础上的应用型学科，既包含工程技术，又涉及艺术审美，其核心是协调人与自然的关系，其特点是综合性极强。

在信息化不断加速的新时代，风景园林行业内的各类专业技术也在持续发展，如数字技术、治愈设计、生态修复、城市设计、可持续设计、水资源优化等，这些细化技术能够生发出对新问题的识别或是新知识的应用，同时也让风景园林规划设计成了一个能提供多种文化和自然生态系统服务的多功能、动态系统。在国际上，风景园林的实践与发展已逐渐形成多层面思考、多领域合作的发展趋势，以应对生态、绿色、基础设施、社会、人文等日益复杂化的城市发展问题。风景园林将与建筑、规划专业有更加紧密的联系与合作，以共同解决城市发展中的综合性问题，用最小的力度最大化地满足社会经济需求和生态系统服务的要求。同时，对于综合型、设计型人才的需求是社会对风景园林教育提出的重要课题，只有单方面知识和技能将会导致缺乏思维的广度和深度，风景园林规划设计要加强专业理论和实践的联系，强化学生解决实际问题的能力。

本书从认知性、过程性、方法性与实践性的视角，梳理了风景园林规划设计从任务解读、现状分析到方案设计、工程实践的内容，聚焦国内外风景园林优秀项目总结，依托城乡绿地、城市园区、城市公共空间三类不同尺度、不同类型的风景园林规划设计方法剖析，全过程解析国内外工程实践项目的落地建成经验，系统展示了风景园林规划设计内容。书中内容以图纸与照片相互结合的方式，涵盖城市公园、郊野公园、乡村景观、新城景观、城市住区、酒店度假、校园景观、创新园区、城市广场、滨水空间、街道空间十一大类，系统阐释了风景园林实践的过程与方法。本书从国外优秀案例分析以及实施落地的工程项目解析两个视角，总结风景园林规划设计方法论，深度挖掘了风景园林规划设计对城市发展与环境建设的总体驱动。

在本书的写作过程中，得到了很多专家、学者及同行的支持和指导，在此表示衷心的感谢。参与本书编写的人员有高雯雯、张琦（女）、李博雯。本书的工程实践项目均由中国城市建设研究院无界景观工作室主持完成，感谢所有参与相关项目的设计师和工作人员。

限于篇幅和时间等条件，本书仍有很多不足之处，敬请批评指正。

著者

2023 年 7 月

目　录

CHAPTER

1

第一章

自20世纪20年代起，中国风景园林教育即以专业课程的形式陆续出现在现代高校中。目前，全国有数十个院校具有风景园林学一级硕士学位与博士学位授权。风景园林学科与建筑学、城乡规划学成为人居环境学科体系中的重要组成部分。2011年，在风景园林成为一级学科之后，大部分院校将本科专业名称统一为"风景园林"。2022年，教育部取消了工学门类下的风景园林学一级学科，调整风景园林专业学位，新增风景园林专业型博士学位类型。据不完全统计，目前，全国风景园林学科的本科生在校人数达数万人。此外，根据中国风景园林学会的不完全统计，目前全国风景园林行业从业人员有数百万人。

风景园林规划设计认知

第一节
风景园林时代认知

风景园林学是一门建立在广泛的自然科学和人文艺术学科基础上的应用型学科，其核心是协调人与自然的关系，其特点是综合性极强，是建筑学、城市规划学、环境科学、工程学、植物学、艺术学、社会学、地理科学等多元学科的交融。风景园林专业被认为是土地系统规划领域的科学和艺术，可以通过设计室外空间、保护自然环境来满足人类的需求。风景园林师可从事的活动包括可持续规划与设计、城市的公共领地设计、重大基础设施项目（包括应对气候变化的项目开发）、区域开放空间系统的设计、全国生态系统修复和为人类发展提供广泛利益的新弹性生态。当前，风景园林学在城市园林绿化、风景名胜区、水利风景区、休闲娱乐游憩地、湿地保护区、自然保护区以及城乡绿地系统规划、大地生态基础设施规划和建设等领域均起到主导或重要的支撑作用，从业范围涉及住房和城乡建设部、自然资源部、水利部、农业农村部、交通运输部、生态环境部、文化和旅游部等多个国家职能部门和机构，大中小城市普遍设置了相关的园林绿化管理部门。

第二节
风景园林规划设计发展趋势

人口的增长与城市化的加速，生态系统的脆弱与能源的枯竭，气候变化导致的生物种类锐减、海平面上升与环境恶化，社会公平与文化认同……在解决当今世界面临的紧迫问题上，风景园林师扮演着非常重要的角色，同时也面临着越来越多跨学科的挑战。风景园林是一个历史悠久的行业，同时也是一个不断发展的行业。顺应时代的浪潮，风景园林这一行业日趋复杂而综合。行业的拓展和涉及领域的扩大，要求风景园林师成为知识和经验都丰富的“杂家”，既要有渊博的知识，又要富有远见卓识和创新能力，还要成为适应各种角色的社会活动家。这就要求风景园林师采取开放式的工作态度，与各专业人员通力合作。随着时代的发展，风景园林已经不仅是一个以美学为出发点，以规划和设计室外休闲空间为主要内容的学科，还是一个能够构建区域生态格局、丰富生物多样性、改善人类生存空间、促进社会可持续发展的学科。无论景观都市主义（以及派生出的生态都市主义）、食物都市主义，还是绿色基础设施，都赋予了风景园林新的功能定位；全球性的气候问题、生态问题也需要风景园林从业者承担更大的责任。

风景园林本身就兼具艺术与科学、工程与技术的专业内涵，在信息化不断加速的新时代，行业内的各类专业技术也在持续增加，如数字技术、治愈设计、生态修复、城市设计、可持续设计、水资源优化等。这些细化技术能够生发出对新问题的识别或新知识的应用，同时也让风景园林规划设计成了一个能提供多种文化和自然生态系统服务的多功能、动态系统。

一、风景园林学解决复杂城市问题的综合性发展趋势

在国际上，风景园林学的发展已逐渐形成多层面思考、多领域合作的发展趋势，以应对生态、绿色、社会、人文等日益复杂化的城市发展问题。“景观既是表现城市的透镜，又是建设城市的载体，景观取代建筑成为当今城市的基本要素。”这是由景观都市主义的创造者查尔斯·瓦尔德海姆（Charles

Waldheim）提出的未来风景园林学发展的核心思想，它包含多层含义。首先，从景观视角能更好地理解和表述当今城市的发展与演变过程，更好地协调城市发展过程中复杂的不确定因素；其次，景观作为载体介入城市的结构，成为重新组织城市形态和空间结构的重要手段；最后，景观将与建筑、规划学科有更加紧密的联系与合作，以共同解决城市发展中的综合性问题。

面对中国飞速发展的社会，风景园林行业在改善人居环境和加强生态环境建设，促进人与自然的和谐发展，实现党和国家提出的建设“美丽中国”的宏伟目标的过程中，担负着保护和建设生态环境、维持和改善人类生活质量、传承和弘扬中华优秀传统文化的重任。风景园林学的内涵已经远远超越了园林、绿地的狭隘定义，成为解决城市飞速发展背后的复杂、多样问题的重要手段。风景园林建设表现出一种更高层次的综合性和复杂性，更好地适应当代社会和环境的多样化，从而用最小的力度最大化地满足社会经济需求和生态系统服务要求。如今，城市被视为一种以景观为载体的生态体系，而景观基础设施成为城市发展的框架，这就为我们系统地理解和规划处于动态过程中的城市提供了新的模式。这也正是风景园林学发展所表现出的从城市出发、多重视角解决问题的重要特征。

二、风景园林行业多层次设计型人才需求的发展趋势

在我国经济和社会文明建设快速发展的背景下，整个社会对风景园林专业教育有着越来越高的期待，风景园林师担负着改善生活环境和可持续发展的重要历史及社会责任。根据风景园林专业社会人才需求的调研，本科生毕业后就业的部门主要集中于各级政府或其派出机构（各级建设主管部门、风景园林学主管部门、城市规划主管部门、自然与文化遗产主管部门、林业部门、国土部门、环保部门等）和规划设计单位（风景园林专业设计单位、建筑设计单位、城市规划单位等）。目前行业内分为三大职业类型：科学研究、设计施工、经营管理。其中，设计施工类的人才需求可占到80%以上。对于综合型、设计型人才的需求是社会对风景园林教育提出的重要课题。只具备单方面的知识和技能将会导致毕业生缺乏思维的广度和深度，也将很难适应实际工作。对风景园林专业教育工作者来说，要提倡加强风景园林专业教育和实践的联系，倡导风景园林专业“多角度、多学科”的通才教育，强化学生“批判性思考”和解决实际问题的能力。

CHAPTER

2

第二章

目前，中国风景园林教育处在关键时期，协同创新与服务于地方经济发展是高校的双重目标。这也要求风景园林规划设计的学习要从实际出发，服务于当地社会经济发展、文化发展，融入社会总体发展框架之中，有效发挥作用。

风景园林规划设计过程与方法

第一节
任务书解读

风景园林规划设计无论从理论研究层面还是工程实践层面，都需要与国家发展战略相契合，遵从各类规章制度要求，遵守行业规则，同时关注社会发展趋势，以理论研究影响工程实践，以工程实践促进理论研究，同时与多学科交融并存，共同服务于城市和城市中的人，因此，风景园林规划设计从项目策划到完成需要一系列流程（图 2-1）。

一、上位规划

风景园林规划设计的第一个步骤就是任务书解读，其中，首先要解读的是上位规划。上位规划体现了政府对场地空间的规划发展策略与要求，从整体区域的视角出发，代表着区域发展的整体、长远需求。因此，在风景园林规划设计中，应以上位规划为基本指导性规划，并根据当地具体规划限制，从宏观层面分析场地的区位、发展要求等，结合场地所处城市的特点，多方向、全方位地了解场地信息。在找准场地设计定位的同时，尽可能地挖掘城市的文化底蕴、区位特点、基础设施环境、经济特点等。

在我国城市空间规划体系中，城市总体规划是城市绿地系统规划的上位规划。这要求风景园林规划设计要处理好与上位规划的对接与协调，并根据收集到的上位规划中提出的用地空间和城市规模、人口等信息，进行风景园林规划设计。

针对一般风景园林规划设计项目，上位规划包括城市总体规划、城市土地利用总体规划、城市绿地系统规划、城市绿道网专项规划、周边相关规划（如区域的总体规划、控制性详细规划、修建性详细规划）等。上位规划对下一步规划起到控制、指导等作用，在风景园林规划设计中，应遵循相应的上位规划指导，建设涵盖城市印象、城市形象、城市体验的整体风景园林规划设计格局。但是当上位规划内容不适应现在的需要时，应做好调整原因说明，做到既尊重上位规划，又与时俱进。

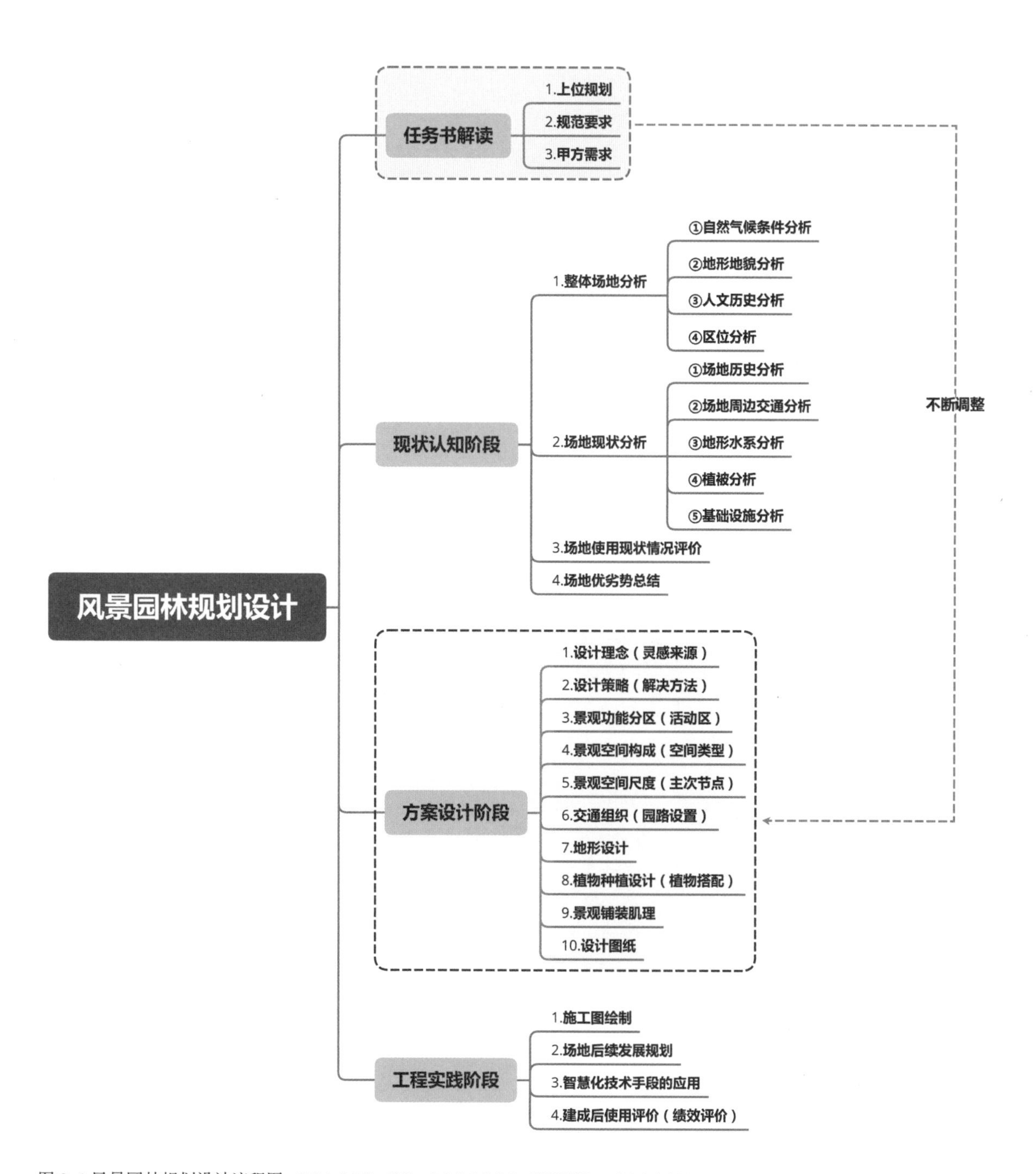

图 2-1 风景园林规划设计流程图 · 扫描本书封底二维码，公众号后台发送“风景园林”，获取高清大图

二、规范要求

风景园林学中的规范是开设风景园林专业应该遵循的规则与标准，是指导高等院校开设本专业应该达到的基本规则和最低标准，具有普适性、准入性、可量化等基本特性。作为风景园林专业核心课程的风景园林规划设计教学，应将风景园林专业相关规范作为基础。除此之外，风景园林专业类的规范学习与解读也是进行规划设计工作的必要条件。例如，《公园设计规范》（GB 51192—2016）中详细规定了公园内的建筑物根据不同功能类型有不同层数要求；《城市居住区规划设计标准》（GB 50180—2018）中规定居住环境应采用乔、灌、草相结合的复层绿化方式，适宜绿化的用地均应进行绿化，并可采用立体绿化的方式丰富景观层次、增加环境绿量；《绿道规划设计导则》（中国建筑工业出版社，2017 年）规定了自然景观节点选择应遵循生态影响最小原则，避开生态敏感区，减少对野生动植物生境的干扰。这些规范要求，都是在风景园林规划设计中需要学习和解读，以便在场地中遵循的基本设计规范。在很多风景园林规划设计的实践工作中，会出现对国家、省级规范以及行业有关规范、规定等不够重视的现象。如实际设计或规划成果深度达不到《风景园林工程设计文件编制深度规定》要求；公园中公厕数量没有按照公园游人容量来计算配置；防护性护栏高度不符合《公园设计规范》（GB 51192—2016）的要求；道路交通岛、分车带起始端植物配置影响行车视线，不符合《城市道路交叉口设计规程》（CJJ 152—2010）和《城市道路绿化规划与设计规范》（CJJ 75—97）的要求等。

除了上述涉及的内容，风景园林规划设计相关的规范还包括《风景园林制图标准》（CJJ/T 67—2015）、《风景园林标志标准》（CJJ/T 171—2012）、《园林绿化工程施工及验收规范》（CJJ 82—2012）、《风景园林基本术语标准》（CJJ/T 91—2017）、《城市绿地设计规范》2016 年版（GB 50420—2007）、《城市绿地规划标准》（GB/T 51346—2019）、《城市园林绿化评价标准》（GB/T 50563—2010）、《城市绿地分类标准》（CJJ/T 85—2017），以及一系列地方标准等。这些基本涵盖了一般风景园林规划设计中所涉及的各种用地界限、道路、建筑物与构筑物、防火、日照、停车、消防、出入口设置等的相关规格和规范。

除此之外，“公约”是参与制定的单位和个人就共同的利益问题进行公开讨论后承诺共同遵守的规定与行为规范，虽不具有强制性，但作为广义的法律形式，同样具有本质的确定性与规定性。《欧洲风景公约》（*European Landscape Convention*，简称 ELC）是对欧洲境内所有风景园林类型进行保护、管理和规划的章程，对我们具有一定的借鉴意义。

三、甲方需求

风景园林规划设计应充分明确甲方（委托方）对规划设计的各方面需求，包括工程造价要求、项目时间要求、成果深度要求、其他意向需求等。同时，甲方也会在相关要求的基础上提供一些前期资料，这些都将成为后续规划设计的重要依据。

第二节
现状认知阶段

在解读任务书后，进入规划设计的第二阶段。这个阶段主要是对现状场地的认知解析，充分了解项目场地现状，为后续规划设计做准备。

一、整体场地分析

在充分了解任务书和委托方的需求之后，即可着手对设计场地进行调研与分析，明确场地现状特点，有针对性地解决问题，并进行项目方案设计。

场地规划与设计是以土地及一切人类户外空间为对象，在充分分析基地现状的各种自然与人文条件的基础上，遵循相关法规、规范的规定，组织场地中各构成要素之间关系的设计活动。对整体场地范围内的现状地形、水体、建筑物、构筑物、植物、土壤、人群需求、人文历史、道路交通等必须进行调查，做出评价，提出处理意见。

（1）自然气候条件分析

首先，是项目所在地的自然气候条件分析，包括土壤特点（图 2-2）、日照时长、降雨量（图 2-3）、空气温度与湿度（图 2-4、图 2-5）、季风风向与风速（图 2-6）等。大量收集所在场地的各种自然气候数据，并进行科学的数据分析。不同区域的气候是设计的基础，运用 Rhino 的 Grasshopper 等软件进行日照分析（图 2-7），可得出场地中不同区位的不同日照条件，从而将老人和儿童活动场地布置在光照充足的空间。也可依据不同日照条件配置不同生长习性的植物种类，降低场地内植物的养护成本。运用风向玫瑰图、Phoenics 软件等进行风向分析（图 2-8、图 2-9）。在夏季主导风向上设计景观廊道，利于通风降温；在冬季主导风向的迎风面上种植高大常绿乔木，阻挡冷风，为冬日户外活动营造更适宜的环境。利用气候软件收集场地的平均降雨量和空气湿度，这会对后续的场地雨水洪涝处理

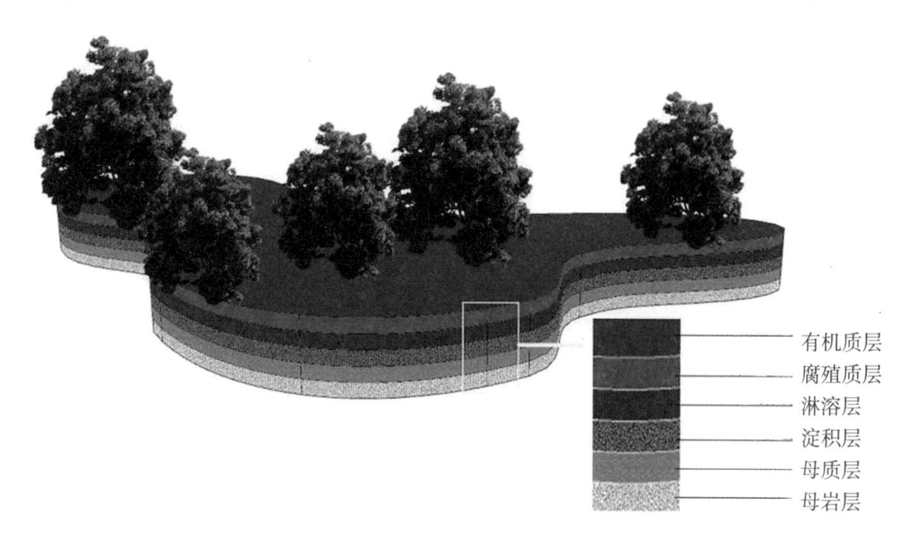

图 2-2 土壤特点分析图（Photoshop 软件绘制）

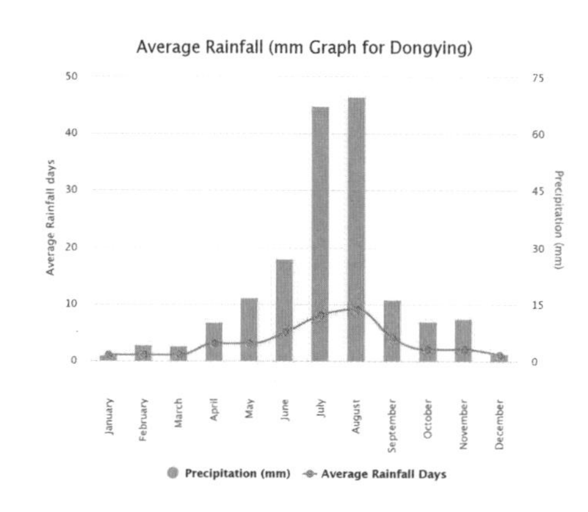

图 2-3 降雨量分析图

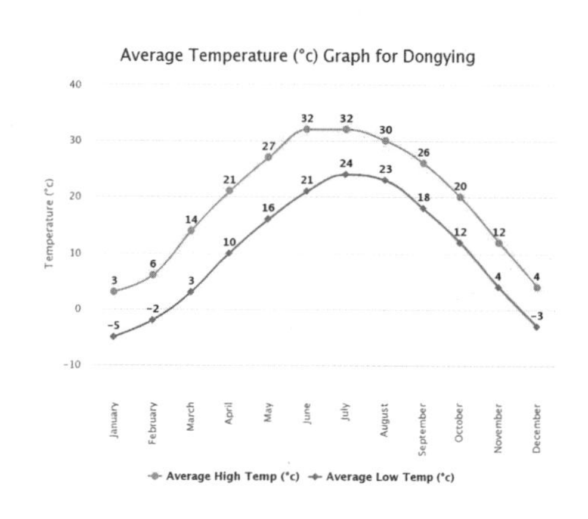

图 2-4 空气温度分析图

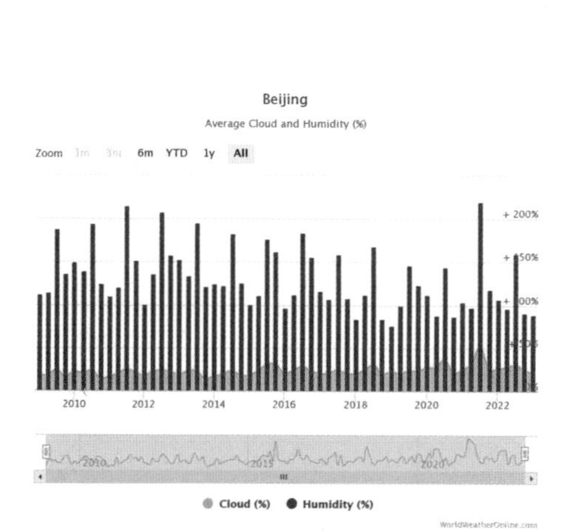

图 2-5 空气湿度与云量图

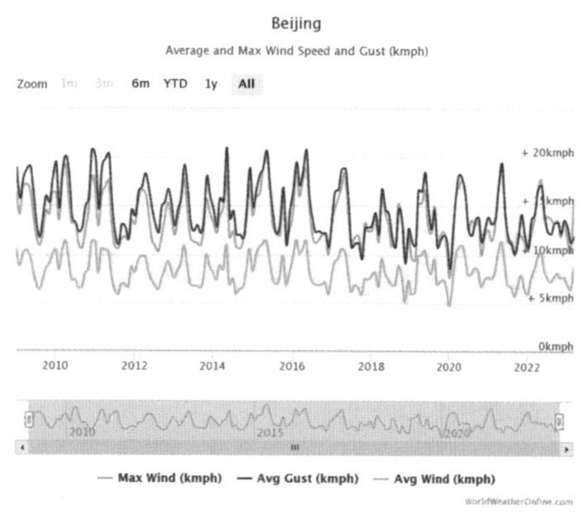

图 2-6 最大平均风速和阵风图

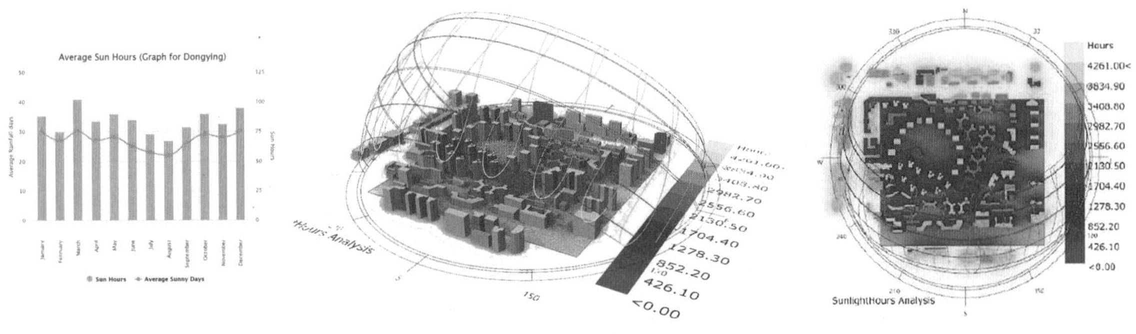

图 2-7 日照时长分析图（Rhino 的 Grasshopper 软件绘制）

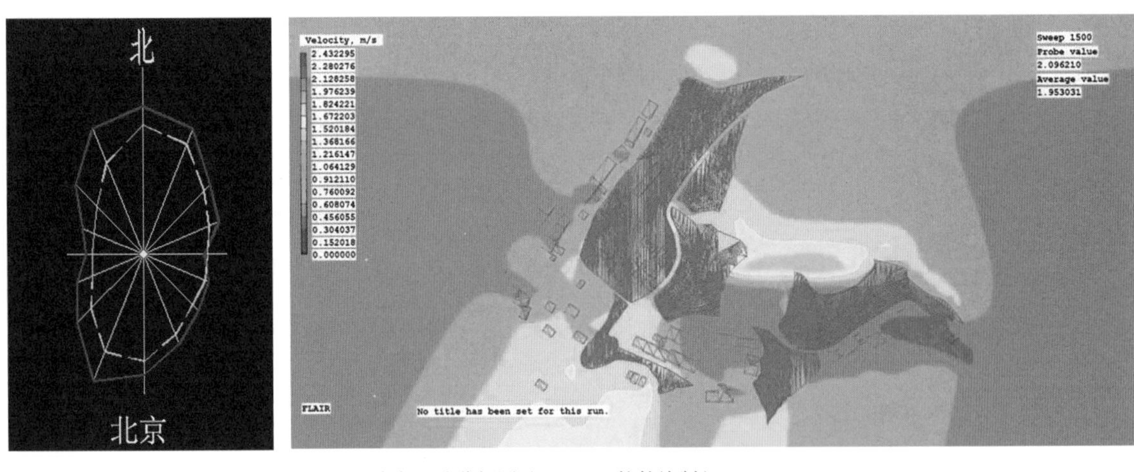

图 2-8 风向玫瑰图

图 2-9 风向与风速分析图（Phoenics 软件绘制）

和植物种植等产生一定程度的影响。设计要因地制宜，才能真正做到服务于当地的人居生态环境。

（2）地形地貌分析

每个项目场地都有自己独特的地形地貌特征，在开始进行景观设计之前，要对场地内的地形地貌进行详细的分析。将地形地貌梳理清楚，有助于后续路网和场地的布置与调整，坡度大的场地要考虑山地景观的设计，坡度小的场地则要分析是否营造微地形。同时，场地内的地形还需要结合园林工程规范，满足排水等一系列要求。地形地貌是景观设计中最重要的部分之一，是景观中的支撑部分，不同的地形地貌特征对后续的设计会产生不同的影响。竖向控制应根据场地四周的城市道路规划标高和园内主要内容，充分利用原有地形地貌，提出主要景物的高程及对其周围地形的要求，地形标高还必须考虑拟保留的现状物和地表水的排放。通过对场地地形地貌的分析，设计可以明确对地形的利用方式、控制造价、土方平衡的计划认知；也可以根据等高线考虑道路设计或视线遮挡、开阖变化，对整体场地的设计做出布局调整。

关于地形地貌分析图（图 2-10）的绘制方法，《国家基本比例尺地图编绘规范 第 1 部分：1 ∶ 25 000 1 ∶ 50 000 1 ∶ 100 000 地形图编绘规范》（GB/T 12343.1—2008）中指出，等高线分为计曲线、间曲线、助曲线、草绘等高线。

相邻两条等高线间距不应小于 0.2 mm，不足时可以间断个别等高线，但不应成组断开。

等高线遇到房屋、窑洞、公路、双线表示的沟渠、冲沟、陡崖、路堤等符号时应断开。对于山脊的表达，应表示出山脊的形状、延伸方向及主脊与支脊之间的相互关系。山脊顶部等高线间距不小于 0.3 mm。尖窄山脊的等高线可呈尖角形弯曲，等高线一般不应向下坡方向移位，浑圆形山脊上部等高线可稍向下坡方向移位，以适当扩大山脊部分。对于谷地则应表示出谷地大小、形态以及主支谷关系。在选取谷地时，应按从大到小、由主及次的原则进行，有河流通过的谷地、主要鞍部以及道路通过的谷地应优先选取。概括谷地等高线图形时应反映出谷地纵横剖面的形态特征，正确显示出谷底线、谷缘线的位置。在一般情况下，主谷的等高线比支谷的等高线向谷源方向伸入得长一些。

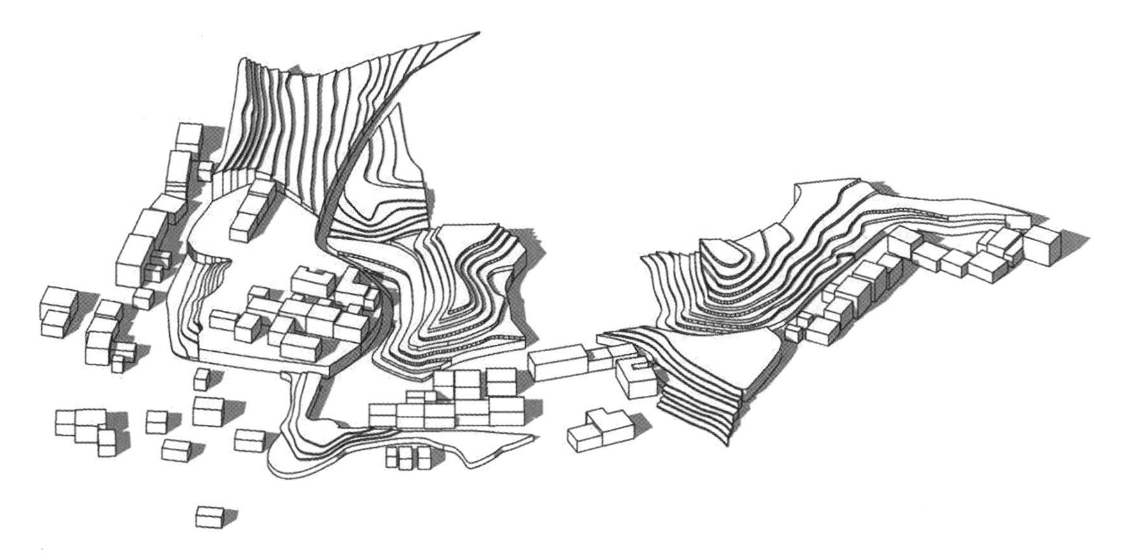

图 2-10 地形地貌分析图

完整、简单的地区较少。一般图上每 100 cm^2 面积内应有 5 ～ 20 个等高线高程注记不等（图 2-11）。

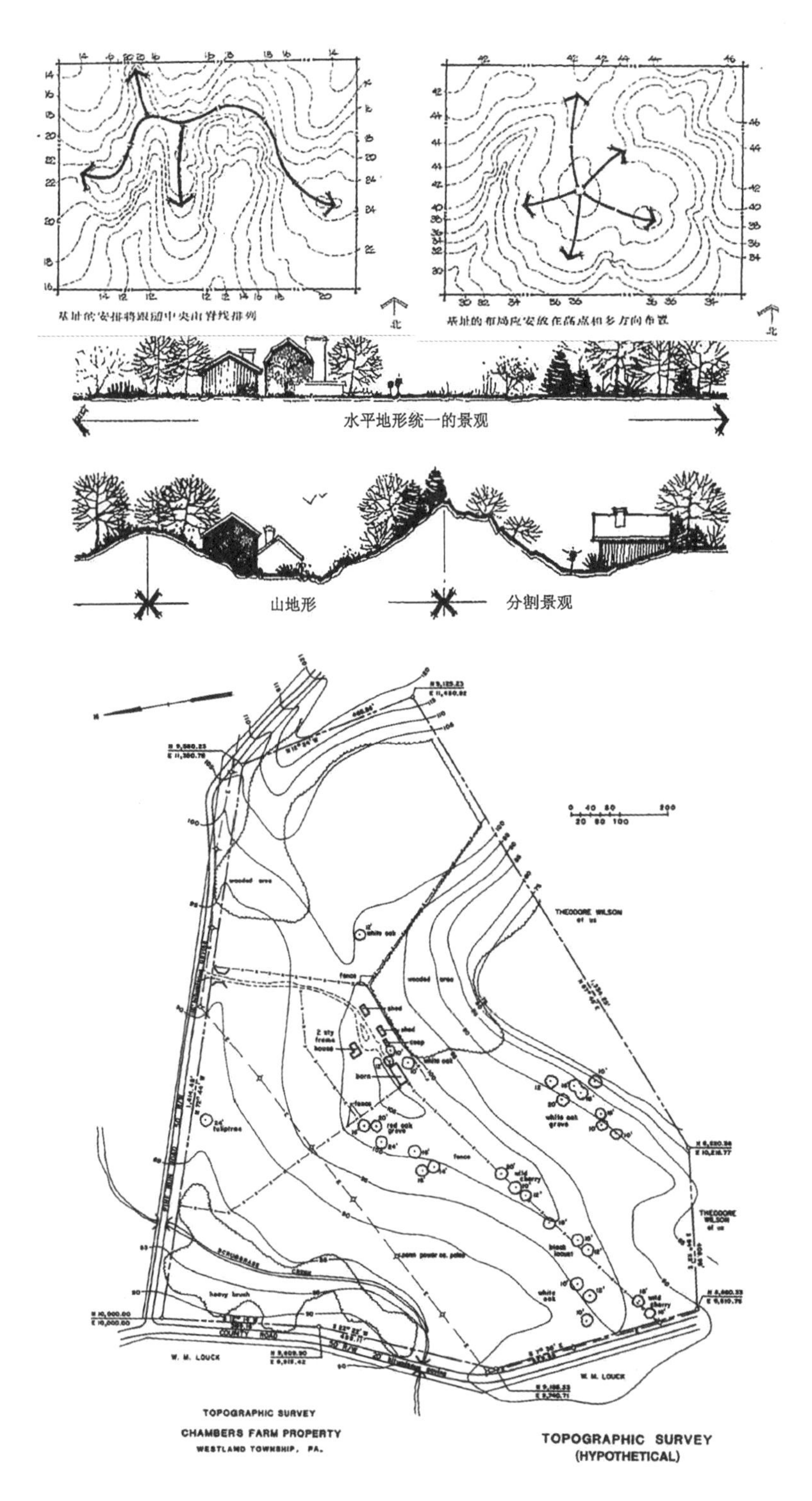

图 2-11 地形测量图（引自《景观设计学——场地规划与设计手册》，中国建筑工业出版社）

在日常分析中，可以借助计算机软件更加直观地进行场地地形地貌的分析，如使用 ArcGIS 软件进行高程、坡度、坡向等的绘图分析，从大场地更加精确、直观地感受整体场地（图 2-12）。

（3）人文历史分析

在了解了基本的自然条件后，要着手对项目所在区域的人文历史风貌价值进行研究分析（图 2-13）。人文历史价值是风景园林设计中不可缺少的一部分，是设计基础理念产生的源泉，它可以是某种区域文化的延续，也可以用来重新激活场地原有的文化特色。人文历史价值为后续进行的场地规划设计提供了历史方面的参考价值，也对设计进行了一定的制约，如文物保护、生态保护等方面的规

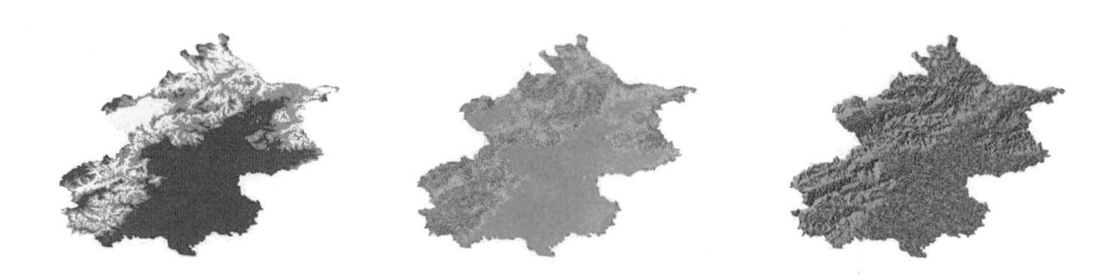

图 2-12 用 ArcGIS 软件制作的场地高程、坡度、坡向分析图

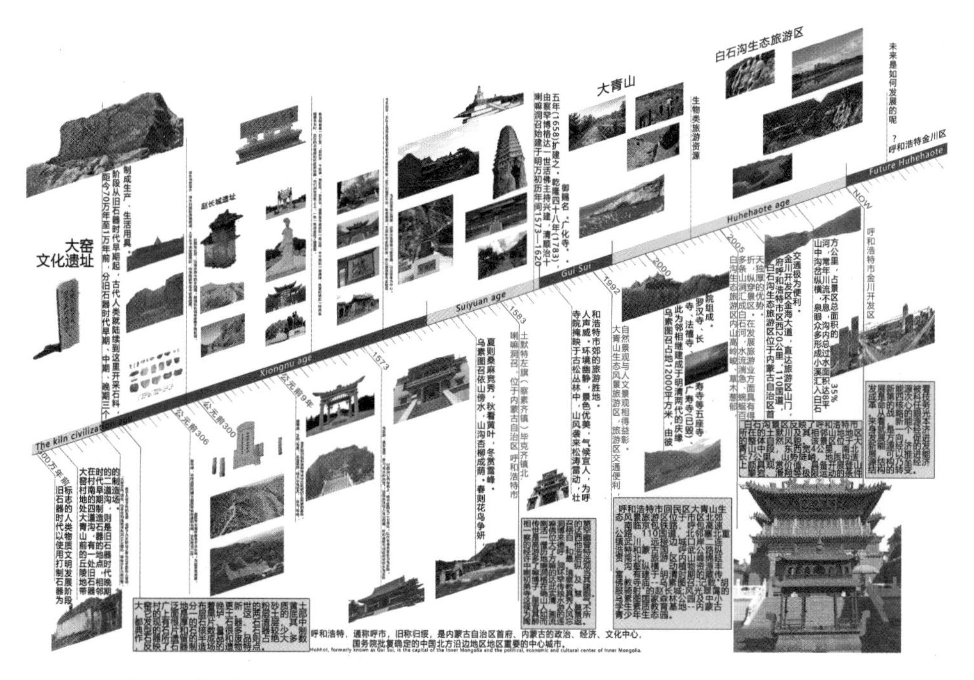

图 2-13 人文历史风貌分析图

范要求（图 2-14）。同时，若场地原址或附近有大型风景区、历史文化遗迹，或城市本身就具有可以挖掘的城市记忆及古老的历史文脉，即可大力挖掘地域文化主题，采集元素符号，构建景观文脉。在构筑物、景墙等小品设计上，要运用城市记忆的元素符号，为居住者找寻家园的归属感。

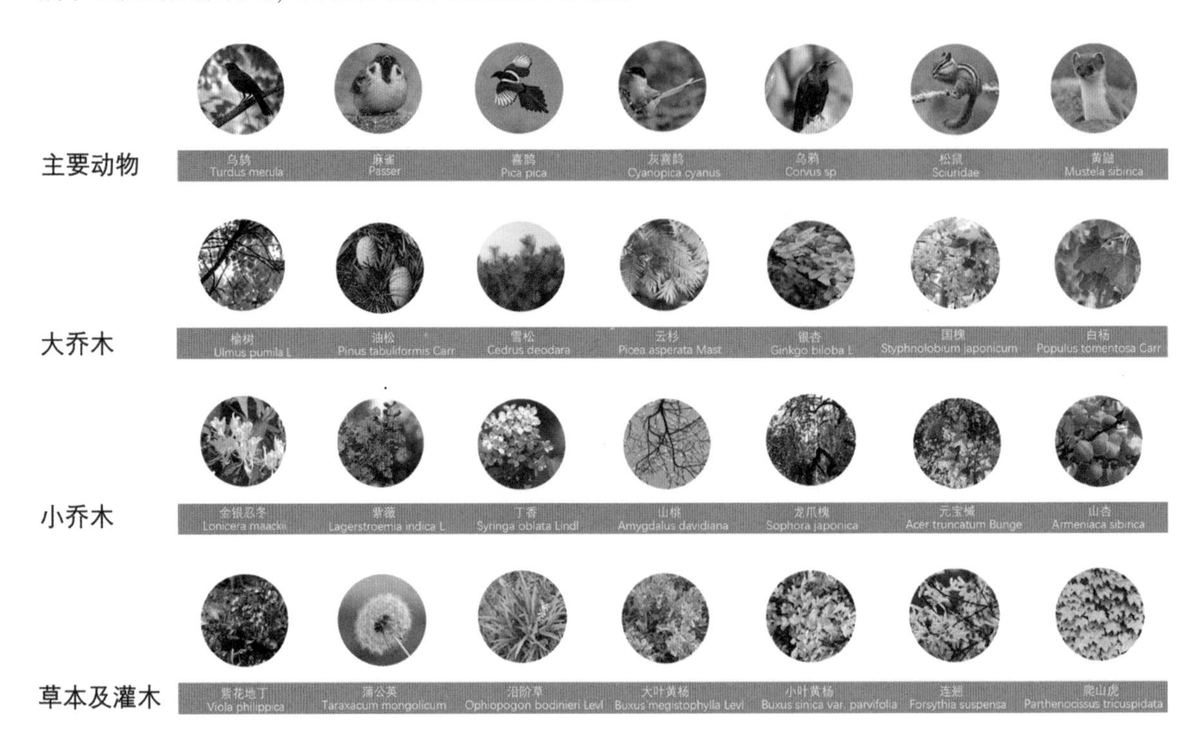

图 2-14 场地生态保护分析 1

图 2-14 场地生态保护分析 2

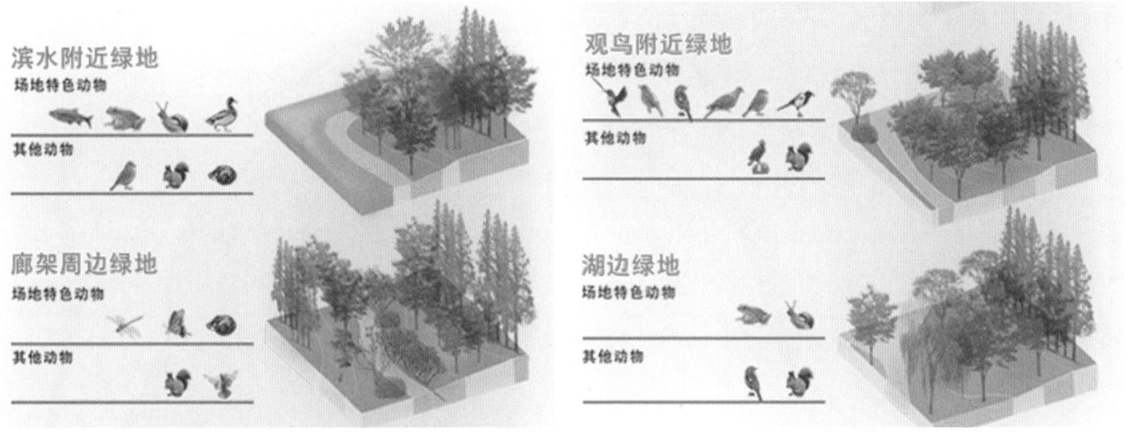

图 2-14 场地生态保护分析 3

（4）区位分析

明确场地所在位置，对项目所在区域进行分析，了解周边区域情况，如是否与某个功能区或风景区相邻近，为后续设计打下基础（图 2-15）。

区位分析对场地分析的影响通常从对项目场地在地区图上的定位，以及对周边地区、邻近地区规划因素的粗略调查开始。利用地质调查报告、网络地图、各类规划报告等，获取场地周围的地形特征、土地利用情况、道路和交通网络、游憩资源，以及就业、商贸和文化中心分布等信息。所有这些一起构成了与项目相关的区位背景资料。

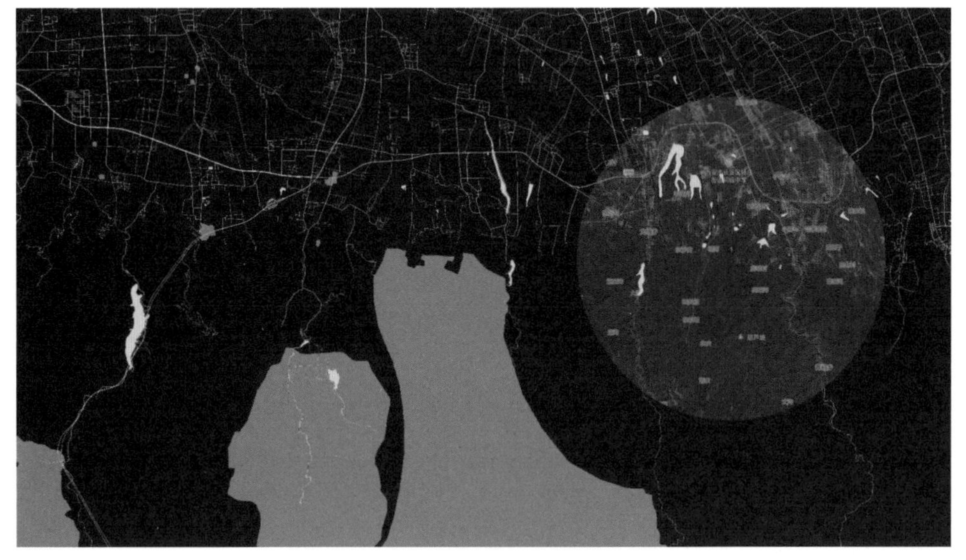

图 2-15 项目区位分析图

二、场地现状分析

当整体项目所在地的分析完成以后，需要缩小分析范围，进入场地周边和场地内部进行现状调研分析，充分梳理场地现状，明确设计或改造重点区域，形成初步的设计理念与构思（图 2-16）。场地规划被看成是土地未来的所有者对整个场地和空间的组织，以使所有者对场地的利用达到最佳。这意味着一个整合的概念：对建筑物、工程结构、开放空间以及自然材料一起进行规划，从而帮助设计者找寻景观中的两种宝贵品质——景观的乡土特质的表现和人类可居住价值的最大化开发。

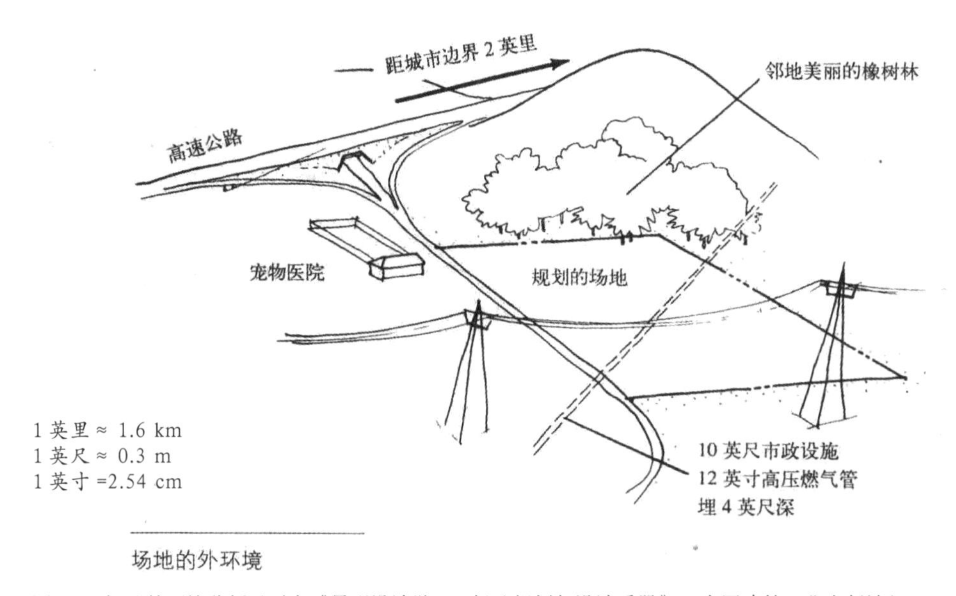

图 2-16 场地外环境分析（引自《景观设计学——场地规划与设计手册》，中国建筑工业出版社）

（1）场地历史分析

场地历史分析和前面所提到的人文历史分析略有不同，其重点在于挖掘场地本身的历史价值，如场地曾经的用地属性，对于周边的发展产生过什么影响等（图 2-17）。结合区域整体的人文历史而进行的详细的场地历史研究，对设计理念的形成有着重要的帮助，也可以为后面的风景园林规划设计增添人文历史气息，更重要的是体现了对场地历史的尊重和文脉的延续。

（2）场地周边交通分析

交通是风景园林规划设计中重要的一环，项目场地周边的交通情况更是决定了场地的功能区分布。深入分析城市的街道路网与场地出入口、场地内部交通

远在辽代，原址就有寺，亦有塔。元人重佛，元世祖忽必烈发现了这里的旧址，曾在寺中发现石匣、铜瓶，铜瓶内香水满溢，色如玉浆，舍利坚圆，灿若金粟。世祖和皇后深受感动，下令重建白塔和寺院。

塔始建于至元九年（1272年），原是元大都圣寿万安寺中的佛塔。该寺规制宏丽，于至元二十五年（1288年）竣工。寺内佛像、窗、壁都以黄金装饰，元世祖忽必烈及太子真金的遗像，也在寺内神御殿被供奉祭祀。到了元末，至正二十八年（1368年），不足百年，寺庙同样毁于大火，仅白塔得以保存。元顺帝闻讯，不禁潸然泪下。

寺庙毁了，白塔寺的庙会却照开。白塔寺庙会形成于清末民初。因当时寺内香火不旺，僧人便出租寺产招商，吸引了三百六十行，逐渐形成了庙会。寺院内地方宽敞，是搭台唱戏的最佳场所，20世纪三四十年代，许多民间艺人在此表演。20世纪50年代末期，白塔寺庙会停办。

人们在焚毁的宫殿台基上，捡起了地表的断石残砖，搭建起临时住房，于是在廊房的台基上，形成了毗连的住房，毗连的住房又演化为胡同。当时的明政府，顾不得再去规划和管理这片地区。绵亘的砌石，遍地的残碑，被当作基石，砌入墙体。简陋的屋舍如雨后春笋般拔地而起。

图 2-17 场地历史分析图

肌理之间的关系，并总结场地周边的不同交通方式，能够判断来到此场地的人群类型和人流量，从而确定场地的入口和内部功能划分（图 2-18）。细致的交通分析可以为场地的可达性提供一定的指导。

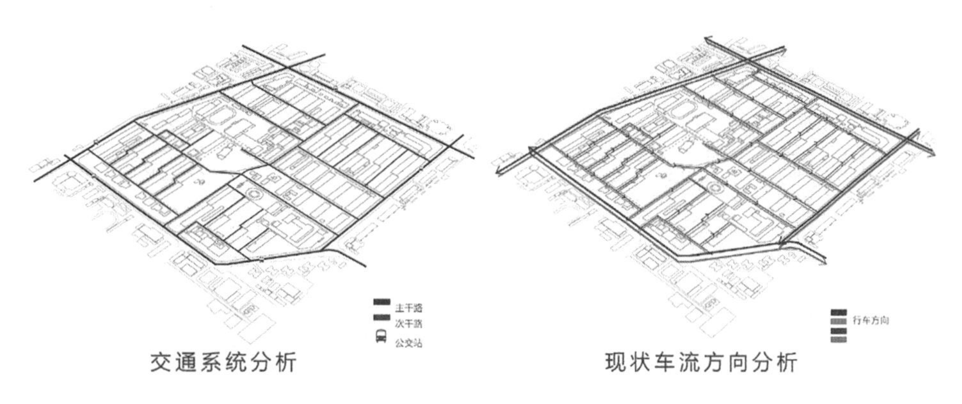

图 2-18 场地周边交通分析图 1

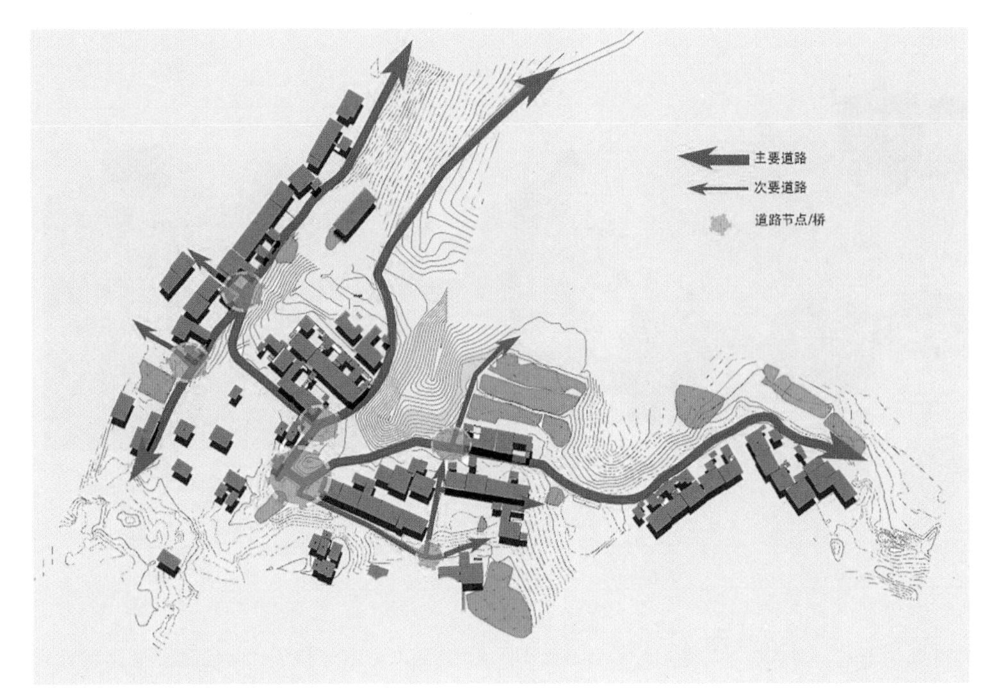

图 2-18 场地周边交通分析图 2

（3）地形水系分析

地形为风景园林规划设计增添了更多的趣味性，因此地形地貌的重要性也是不可忽视的。首先，要对场地内部的地形进行分析，其中等高线的绘制必不可少，清晰的等高线梳理有助于了解场地的地形特征，明确哪里是场地中的制高点，哪里是低洼点，以及场地内是否有陡坎出现（图 2-19）。

其次，水系往往与地形地貌关联较强，了解设计场地内是否有水系的存在以及分布地点和含水量，结合前文提到的降雨量分析，可以判断水系能否被利用。

地形水系的梳理能够帮助设计者更好地了解场地情况，辅助判断可利用的现状资源，从而为后续设计是否需要重新改造或保护提供依据（图 2-20）。

（4）植被分析

场地在进行规划设计之前要对内部的植被进行了解和大致定位，其目的是清晰地知道现状植被的生长情况和植被量。一些项目场地内会有古树名木，这些植被须重点保护，不可清理，同时对于那些长势良好的植被是否予以保留，设计者也要有所考量。

《公园设计规范》（GB 51192—2016）规定，园内古树名木严禁砍伐或移

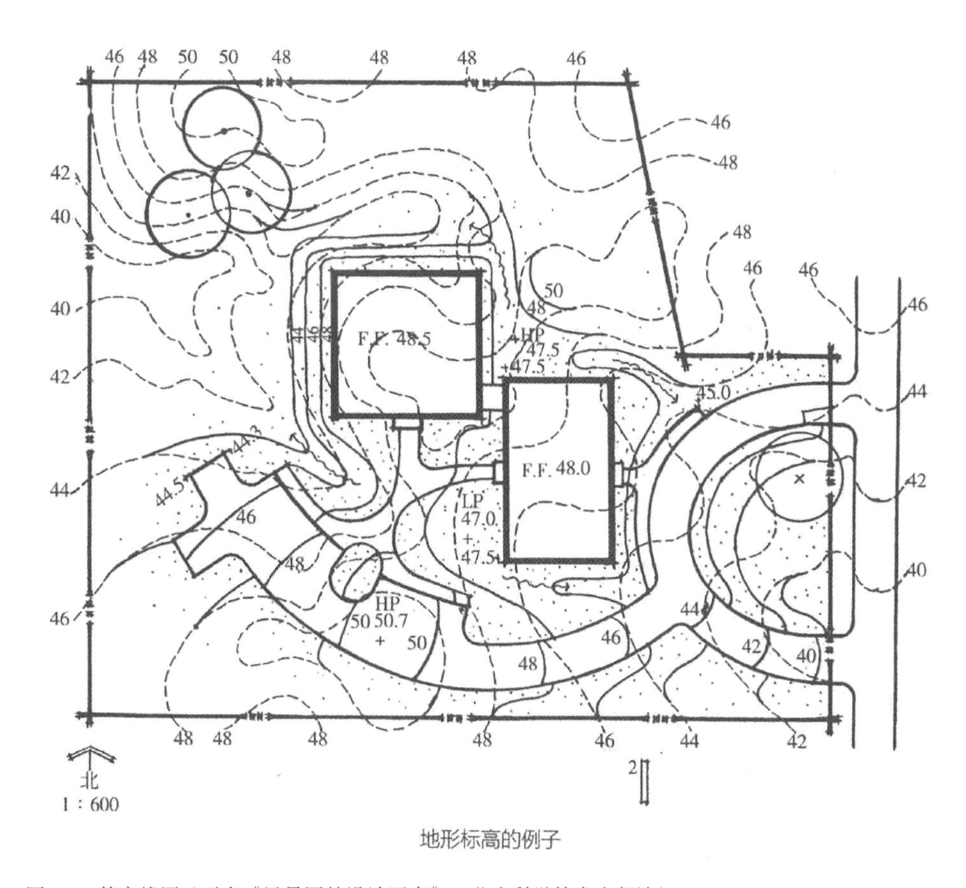

地形标高的例子

图 2-19 等高线图（引自《风景园林设计要素》，北京科学技术出版社）

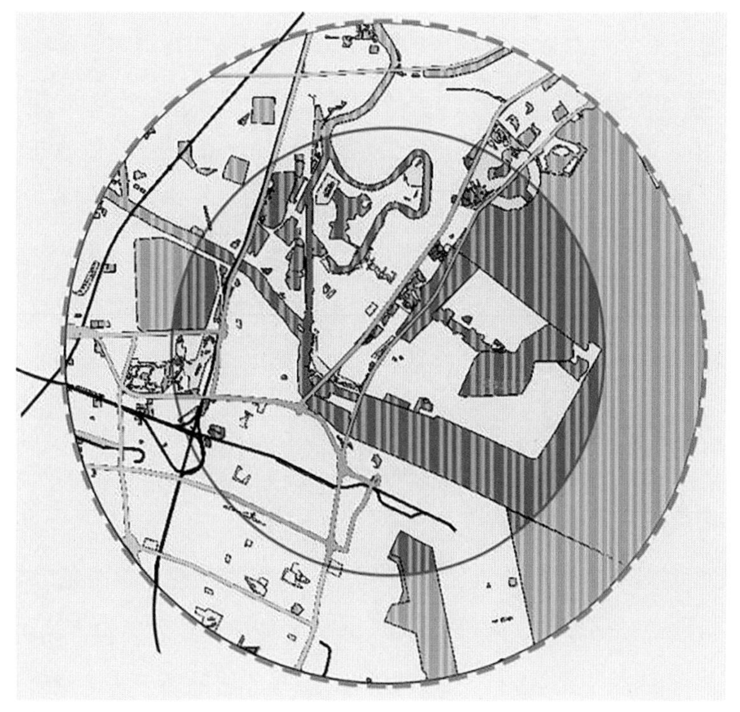

图 2-20 水系分析

植，并应采取保护措施。

4.1.8 古树名木的保护应符合下列规定：

1 古树名木保护范围的划定应符合下列规定：

1）成林地带为外缘树树冠垂直投影以外 5 m 所围合的范围；

2）单株树应同时满足树冠垂直投影以外 5 m 宽和距树干基部外缘水平距离为胸径 20 倍以内。

2 保护范围内，不应损坏表土层和改变地表高程，除树木保护及加固设施外，不应设置建筑物、构筑物及架（埋）设各种过境管线，不应栽植缠绕古树名木的藤本植物。

场地内的植被分析能够辅助设计理念或策略的形成，植被四季的色彩和开花时期的特殊性有助于设计者思考整体景观风貌的表现效果（图 2-21、图 2-22）。

（5）基础设施分析

对场地现有的基础设施进行分析，能够反映场地内的使用情况。不同的基础设施吸引到的使用者是有差别的，而且场地内会出现使用者自行创造的设施，如此就要对基础设施的现状分布和使用情况进行细致分析，明确使用者的需求和现状的不足之处，这对后续的场地功能定位与服务设施布置等设计有一定的指导性（图 2-23、图 2-24）。

从居住者的生理需求层面分析，景观的空间功能一般需要满足基本的户外活动需求，包括老人休闲健身、儿童趣味活动、青少年户外运动等；同时通过造景营造良好的生态环境，满足人们对阳光、空气、绿植等基本生态要素的生理需求。从居住者的心理需求层面上看，保障房居住区的建设除了满足基本的居住需求外，更需要为这里的弱势群体营造一种家园的归属感和社区的安全感。这些都可以通过景观设计的手法来体现。

三、场地使用现状情况评价

随着人们对城市空间和公园绿地中公共空间的重视，越来越多的研究侧重于场地使用情况和场地中人的行为活动，对场地使用现状的评价方法也日渐增多，如空间特征评价法、使用者行为评价法等。这些方法是基于实地调研和在场地内的全天观察，总结得出场地或使用人群的特征，虽然大部分样本数量少，但对把

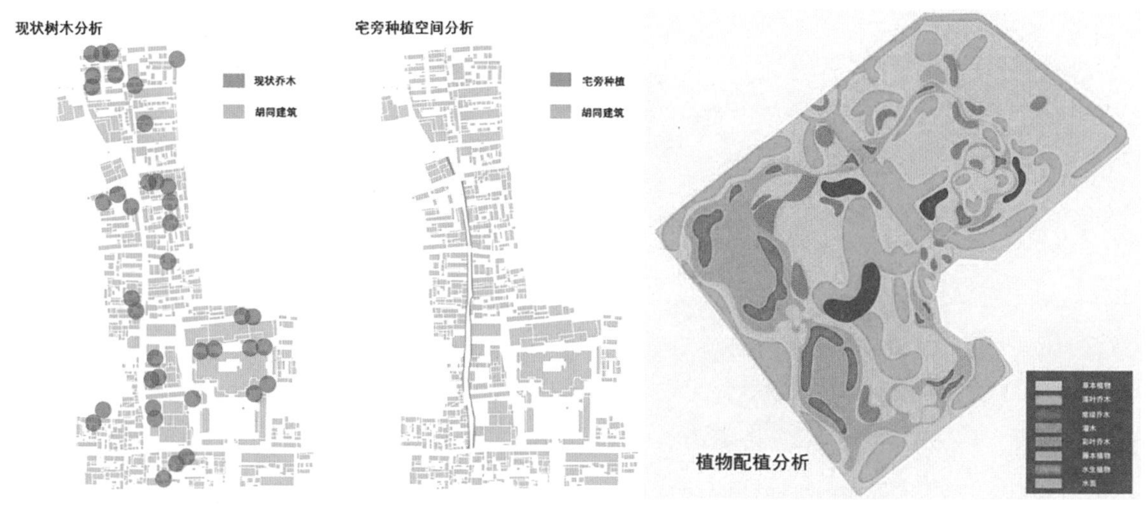

图 2-21 现状植被分析图

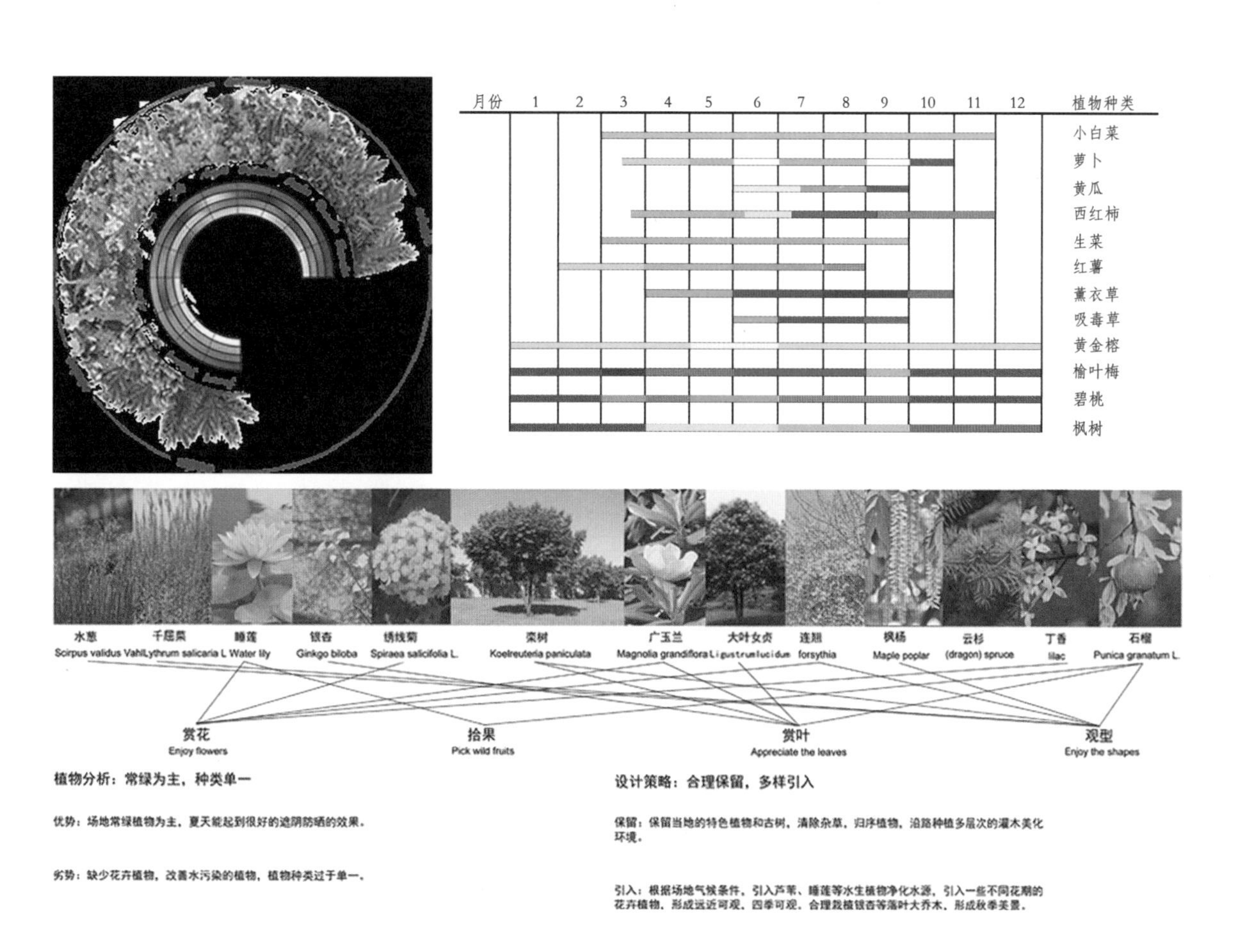

图 2-22 现状植物分析

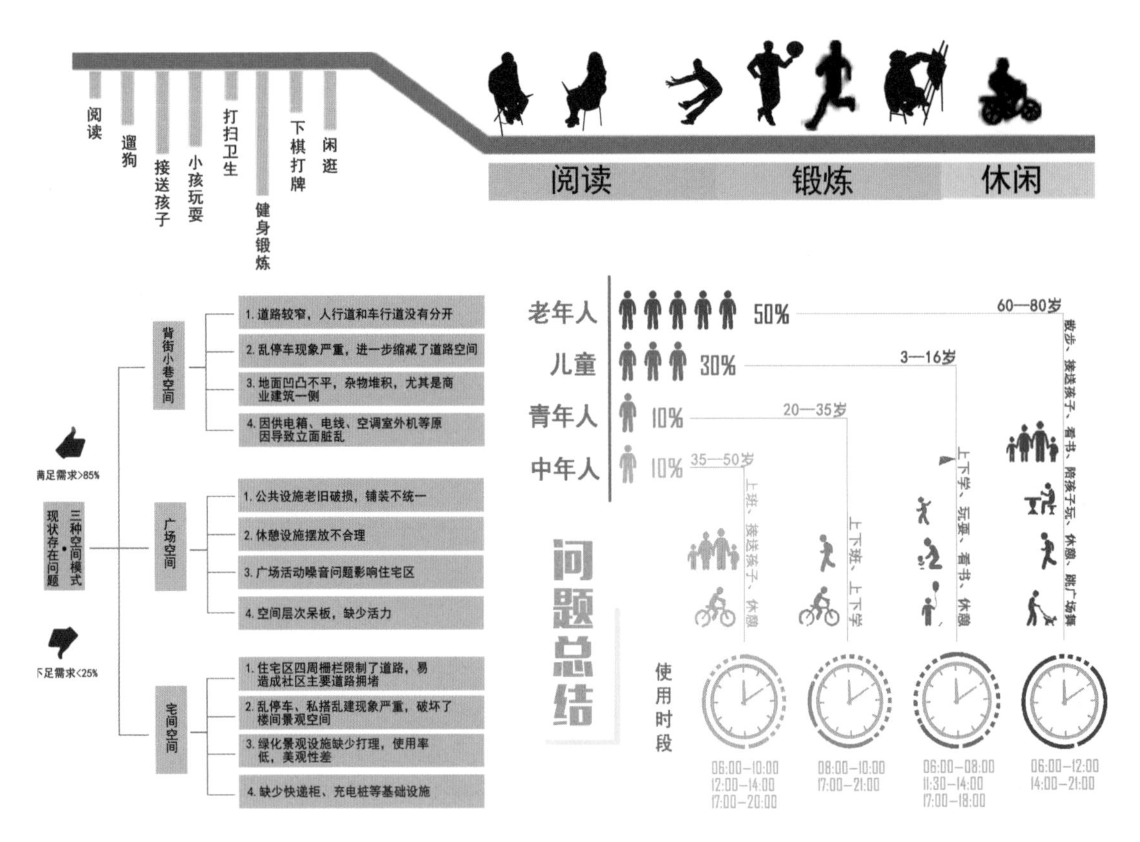

图 2-23 基础设施使用分析图

图 2-24 基础设施服务范围分析

握小尺度场地的使用情况会有所帮助。如今，风景园林行业开始吸纳多学科的研究方法，借助计算机软件的评价方法也逐渐出现，如基于 GIS（地理信息系统）的景观分析与规划、遥感监测、传感器数据收集等手段，可以更加严谨地对场地进行现状评价，辅助设计师进行风景园林设计。这些信息技术手段的应用是认知场地的有效途径（图 2-25 ～图 2-27）。

图 2-25 场地空间活力分析图

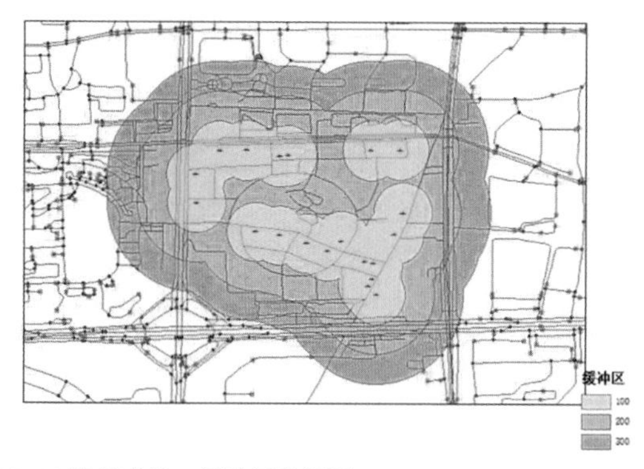

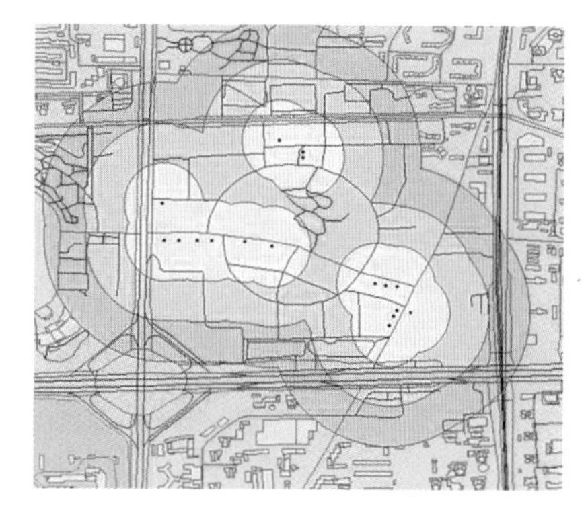

图 2-26 服务半径、缓冲区分析图

图 2-27 潜在绿地分布图

四、场地优劣势总结

综合前面提到的各项分析内容，总结出项目场地的优势与劣势，清晰地列出与场地设计相关的内容，用系统的思维方式，将场地各维度影响因素进行排列组合，从而得出一系列对场地信息的基本判断，辅助方案规划设计的开展（图 2-28）。B. 肯尼斯·约翰斯通（B.Kenneth Johnstone）曾说：“规划过程可以很好地解释成一系列的潜意识对话……问题提出来了，因素权衡了……考虑得越明了，构思的表达能力就越通畅连贯……规划就越成功。”

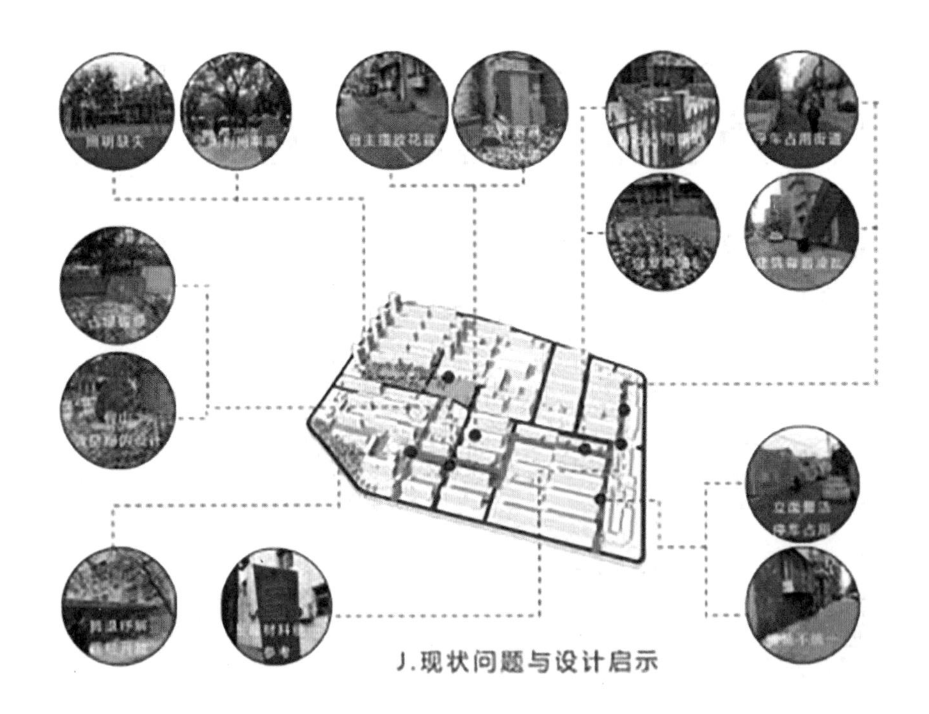

区域层面现状	空间层面现状	设施层面现状	居民需求
a. 位于石景山区，被城市次干道完整围合。	a. 区域内微小空间较多，但大多被随意占用。	a. 活动广场利用率高，但照明效果不理想。	a. 需要可进入的绿地。
b. 整体预期面积约为 20 公顷。	b. 区域内停车随意，大量占用小区道路，空间拥挤。	b. 座椅、种植池利用率低。	b. 区域内交通环境整治。
c. 区域内道路没有分级，机动车行驶没有规范。	c. 居民楼的附属绿地被侵占，随意堆放杂物，空间品质差。	c. 铺装几经更新，风格杂乱，栅栏同理。	c. 道路及楼间绿地的夜间照明需求。
d. 区域内停车管理机制不够完善，不能提供足量的停车区域。	d. 居民利用附属空间营造私家小菜园、小花园。	d. 背街小巷立面杂乱。	d. 能够接受智慧社区营建。
		e. 已存在基本的标识引导与文化氛围营造。	e. 社区存在老龄化问题，老年人对丰富活动的需求。
			f. 儿童游乐设施的需求。

图 2-28 场地优劣势分析图 1

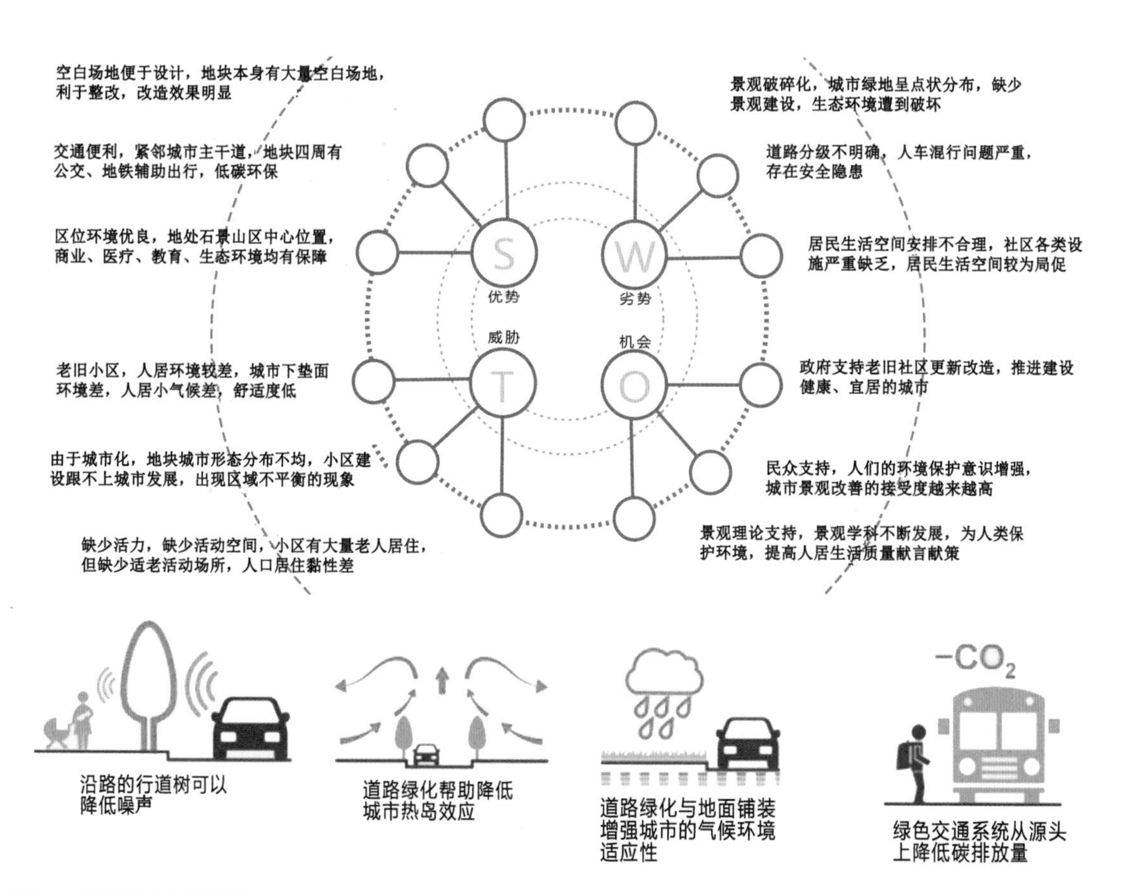

图 2-28 场地优劣势分析图 2

第三节
方案设计阶段

清晰地了解场地内部和外部情况之后，就要进入方案的具体设计阶段了。在这个阶段要形成整体方案的概念和细节，并不断地进行调整，以适应场地的使用需求。

一、设计理念

通过前文提到的分析场地和委托方需求，对需求有了清晰的了解后，就要开始着手构思整体的设计理念。设计理念是整个设计作品的主导部分，是区别于其他作品的风格体现，在细节设计中要贯彻与连续。明确的设计理念有助于景观空间结构和功能的布置，能够指导未来的规划设计，形成独具特色的设计方案（图2-29）。

真正的设计理念来源于场地，每种理念都有自己的独特性，如以人为本、因地制宜、生态修护的设计理念；重视空间体验的视觉、听觉的理念；强调时间概念，注重景观时效性的理念等。这些理念都为设计带来了深刻的文化内涵，赋予了设计唯一性。

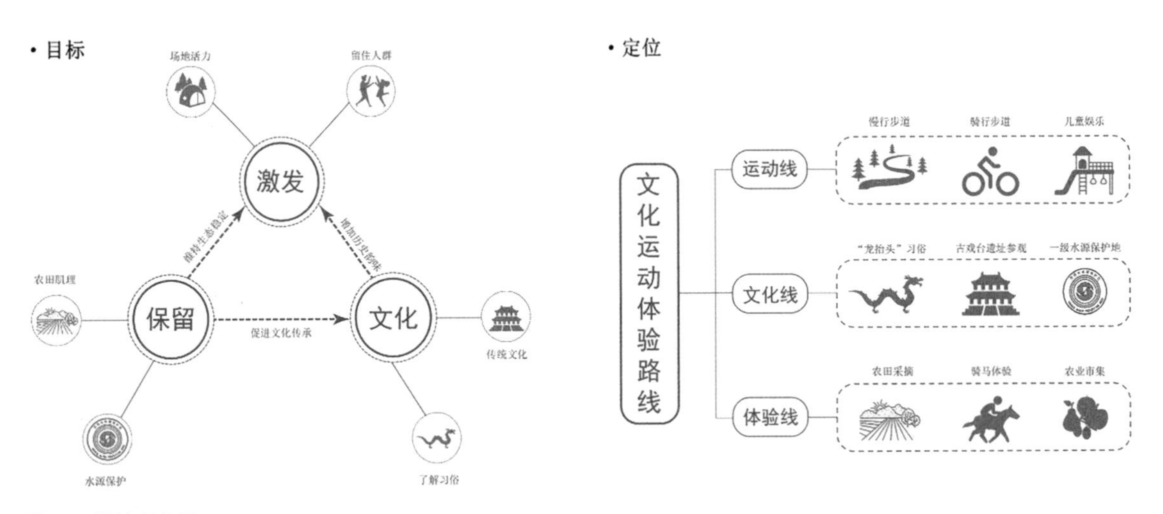

图 2–29 设计理念图 1

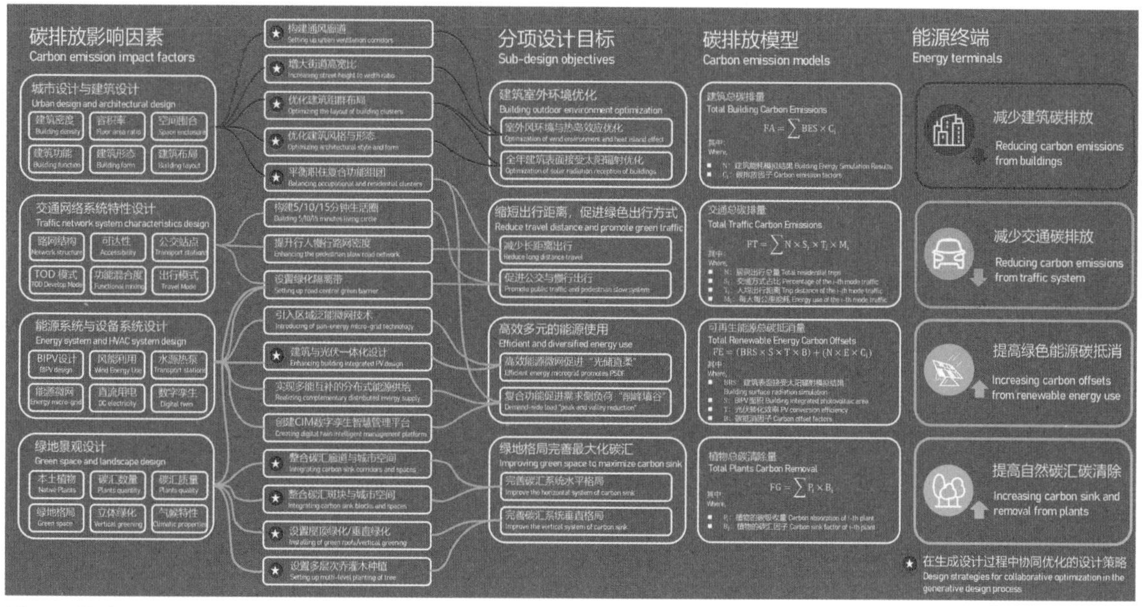

图 2-29 设计理念图 2

二、设计策略

设计策略由设计理念衍生形成，是针对场地内需要解决的问题形成的手段与途径。它主要体现在如何使用一种或多种契合设计理念的方法解决场地的主要问题（图 2-30）。

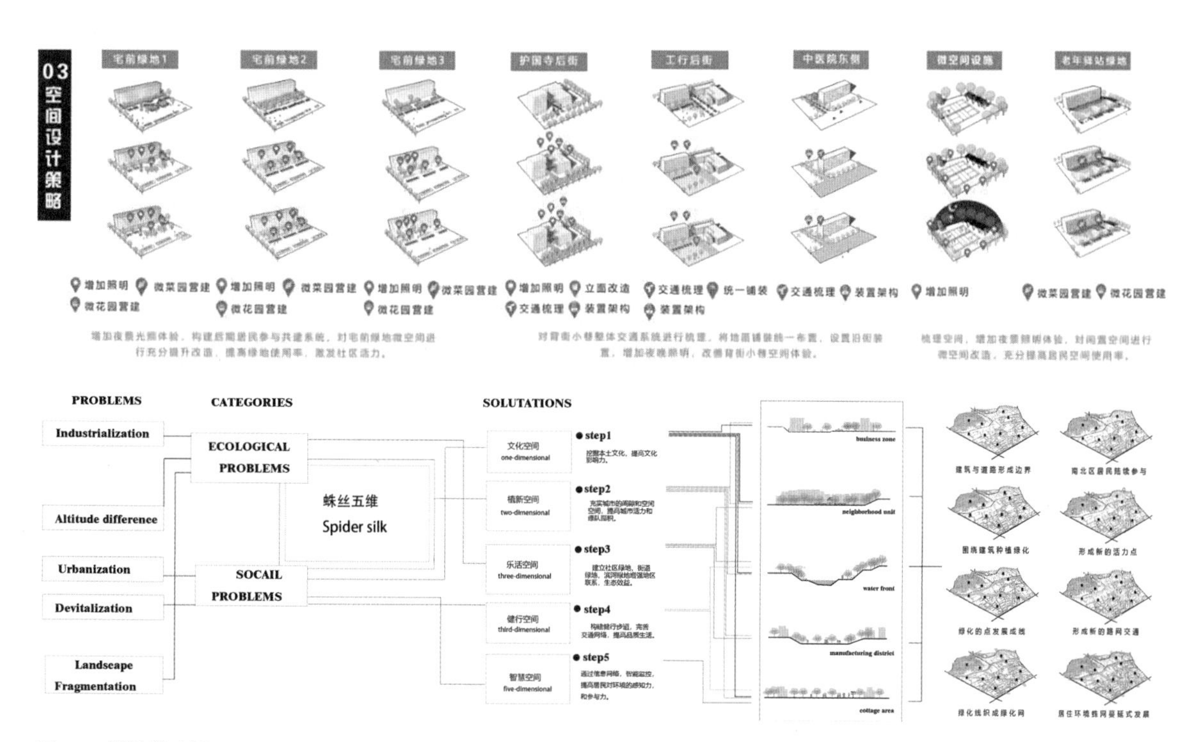

图 2-30 设计策略图

三、景观功能分区

在确定好设计理念和设计策略之后，首先要进行功能区的划分，通过对场地使用现状和周边环境的分析，确定场地内每个区域的功能。在设计时，需要考虑功能区的分布是否合理，并划分结合景观流线和功能区产生的空间类型。

景观功能分区应遵循合理布局、有效使用的原则，与交通流线组织和景观空间有机结合，形成一个系统的园林空间。

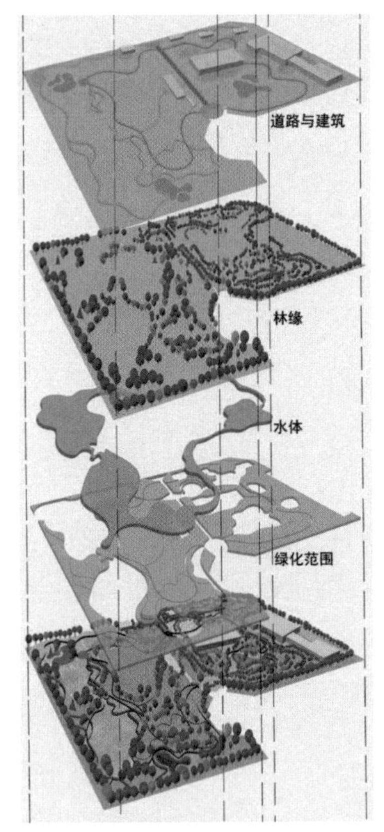

图 2–31 景观空间分析图

四、景观空间构成

功能分区的确定会促使景观空间类型的形成，不同功能区包含的空间类型有所区别，如运动区会出现开敞喧闹的空间，休憩区则是私密、安静的景观空间。针对每个功能区的景观空间，设计者应该充分考虑功能特点和使用需求，创造出符合功能区定位的景观空间，使无数个小的景观空间布满场地，通过丰富的空间类型满足使用者的不同活动需求，提高设计场地的吸引力。景观空间构成包含界面的处理、尺度的把控、围合度和密度的确定，以及肌理、质感、色彩等，它们共同组成了连续而整体化的景观空间设计（图 2-31）。

五、景观空间尺度

在确定了景观功能分区和空间构成之后，就要开始对空间尺度及整体结构进行规划设计，大空间和小空间营造的体验完全不同。复杂场地应该由不同尺度的空间构成，丰富的空间尺度能满足不同的活动需求。主要节点要能容纳多人聚集，并且满足避灾规范要求；次要节点则根据空间类型与功能进行尺度选择。同时，主次节点的合理设置可以将场地变得统一、不分散，当使用者身处园林中时，能够体验到不同的空间氛围，增强体验感。

六、交通组织

园路是风景园林规划设计中最为重要的构成要素之一，主

路、次路、小路的三层级设置能够丰富游园体验。主路一般为 5 ～ 6 m 宽，满足消防需求，同时也是场地最重要的一条道路，贯穿场地，起到连接主要节点的作用；次路通常为 2 ～ 4 m 宽，主要起到串联各种次要节点以及与主路联系的作用；小路包含步道、汀步等多种类型，一般设置在景观节点内部，以增强不同的园路体验（图 2-32、图 2-33）。

可以根据设计理念选择园路的形式，如放射型、环线型等；也可结合等高线地形的设计，创造起伏的园路，增强空间趣味性。在对园林道路进行整体设计时，应注意以下几个原则。

第一，在园林中，道路的功能与分级须明确，可参照园林道路的分类。如有运输要求，则道路要连贯，宽度适当，不能设置台阶及其他园林小品阻挡。

第二，道路设计应当与绿地、地形巧妙结合，顺应地势而行，有高有凹，有曲有深，做到曲折有情。

第三，道路间交叉口不能太多，如有交叉口，应指示明确，路级引导清晰。

第四，主要道路两侧应考虑游人休息的位置，间隔一定距离设置座椅等休息设施，但其放置应避免影响其他游人的通行及运输。

第五，当主路临大型自然水面布置时，不应始终与水面平行，这样会缺乏变化，显得平淡乏味，应根据地形起伏和周围景色及功能上的要求，使主路与水面若即若离，有远有近，增加园景变化。

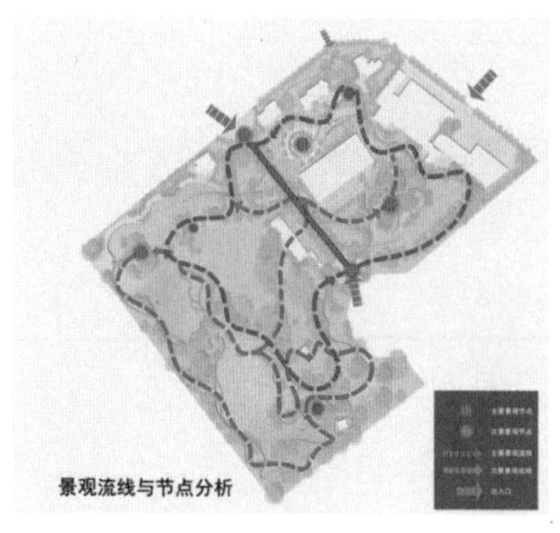

图 2-32 交通流线分析图

图 2-33 交通体系分析图

在风景园林交通系统设计中，入口是最具功能性（交通、集散、引导以及贩卖、等候等功能）的元素。园林和公园入口空间既是城市道路与园林之间的空间过渡及交通缓冲，又是人们游赏园林空间的开始，因此，在空间上起着由城市到园林的过渡、引导、预示、对比等作用。

入口设计的宽度要求如下：入口虽有大小和主次之分，但具体宽度要由功能需要来决定。小入口主要供人流出入，一般供 1 ～ 3 股人流通行即可，有时亦供自行车、小推车出入，因此，小入口的宽度可由车流和人流两种因素确定：

单股人流入口宽度 600 ～ 650 mm；

双股人流入口宽度 1200 ～ 1300 mm；

三股人流入口宽度 1800 ～ 1900 mm；

自行车推行入口宽度 1200 mm 左右；

小推车推行入口宽度 1200 mm 左右。

除此之外，公园主要园路及出入口还应便于轮椅通过，单个出入口的宽度不应小于 1800 mm。公园主入口除了供大量游人出入外，在必要的情况下，还要供车流进出，故应以车流所需宽度为主要依据。一般须考虑出入两方向车行的宽度，通常为 7 ～ 8 m 宽。

七、地形设计

地形设计是塑造空间的方法之一，很多有趣的空间构成离不开地形的设计。地形不仅可以塑造不同围合程度的空间，如开敞空间、半开敞空间、私密空间等类型，还能创建多条到达场地的路线，使人们获得丰富的体验。地形设计应遵循因地制宜的原则，对一些生态需求和地形较为复杂的场地，一般不考虑大修大改，应尽量维持原状，这样有利于生态保护，使场地能够实现可持续发展（图 2-34）。地形设计可遵循以下标准。

第一，同一等高线上的点，高程都相等。每一条等高线都是闭合的，但由于场地界限和图纸框的限制，图纸上的等高线不一定每根都闭合，而被图纸范围切割了。

图 2-34 地形剖面图

第二，等高线水平间距的宽窄表示地形的缓陡，疏则缓，密则陡。

第三，等高线一般不相交重合，只有在垂直于地面的驳岸、挡土墙、峭壁等处才会重合。在图纸上也不能直接横穿过河谷、堤岸和道路等。

第四，在设计地形绘制等高线时，尤其是土丘式与假山式等形似自然的地形，要符合自然规律，在限定的空间内，让地形以优美的坡度延伸，产生不同的体态与层次，避免形态僵硬、呆板的土包、土堆，以及过于急转扭曲的复杂地形。

在地形设计中离不开土方平衡，因此也经常伴有挖湖与堆山。《公园设计规范》（GB 51192—2016）中指出：水系设计应根据水源和现状地形等条件，确定各类水体的形状和使用要求。包含游船码头的位置和航道水深要求；水生植物种植区的种植范围和水深要求；水体的水量、水位和水流流向；水闸、进出水口、溢流口及泵房的位置。

八、植物种植设计

首先，要对场地整体的植物种植有一个总体构思，包括主题、主要特色等。其次，要考虑如何在节点空间中利用植物塑造空间，植物可以是绿色的“建筑立面”，有一定的遮挡和围合效果。再次，植物种植要考虑种植形式、布局等，如孤植、列植还是群植，植物种植要从平面、立面多角度进行设计调整，多样的种植方式能够丰富空间的视觉效果（表 2-1、图 2-35 ～图 2-37）。

表 2-1 不同植物树冠冠幅分类参考（单位：m）

树种	孤植树	高大乔木	中乔木	常绿乔木	小乔木	灌木	绿篱
冠幅	10 ～ 15	5 ～ 10	3 ～ 7	4 ～ 8	2 ～ 3	1 ～ 3	1 ～ 1.5

注：可根据相关规范及实际条件调整。

图 2-35 植被种类设计分析图

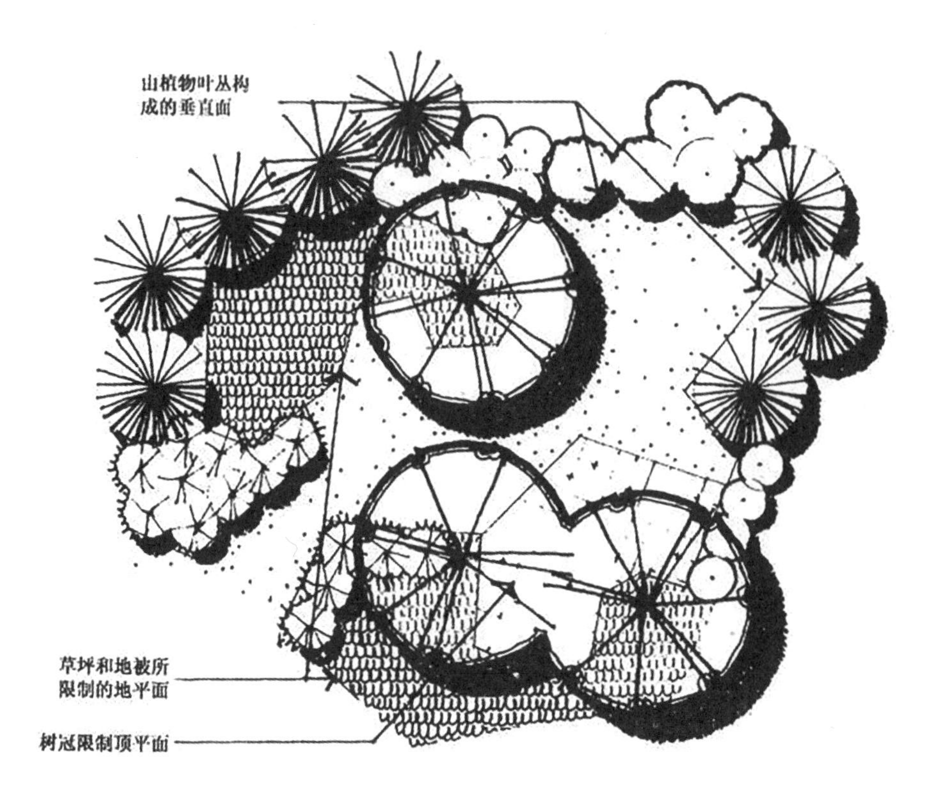

图 2-36 由植物围合的私密空间（引自《风景园林设计要素》，北京科学技术出版社）

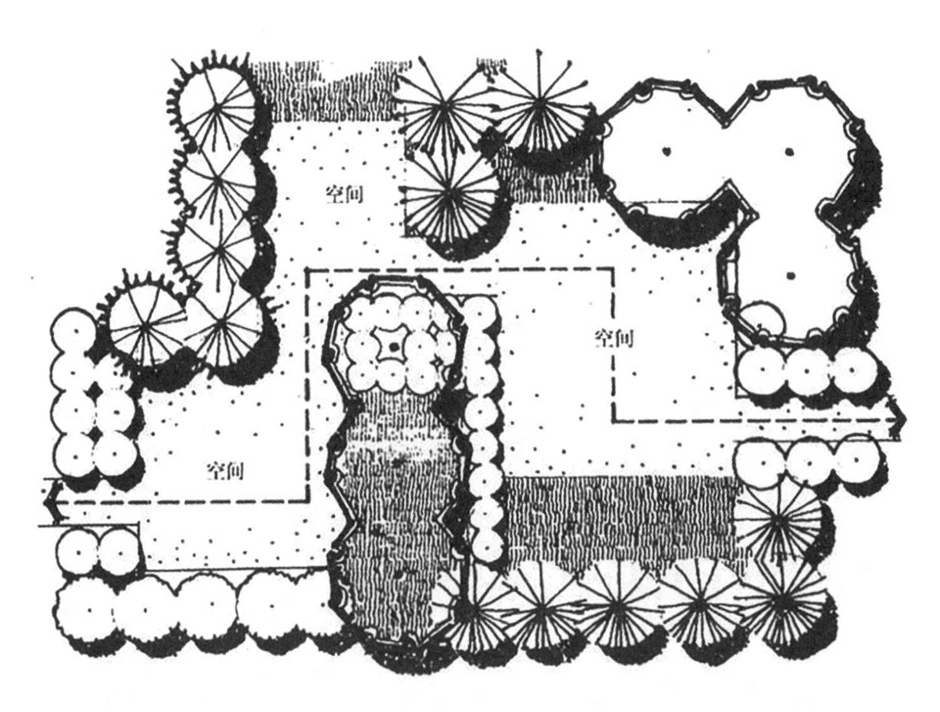

图 2-37 由植物围合的连续空间（引自《风景园林设计要素》，北京科学技术出版社）

九、景观铺装肌理

铺装作为场地设计要素的一部分，可以限定景观空间界限，采用不同样式和颜色的铺装可以给人各种心理暗示，起到分隔空间和限制活动范围的作用。不同纹理的铺装能够激发游园者的潜意识，如直线形铺装起到了一种引导前进的作用，圆形铺装则框定了活动界限。因此，铺装是景观空间设计中不可缺少的一部分，契合设计理念的铺装更能突出场地主题，加深使用者的印象。

十、设计图纸

通过前面的方案内容设计，场地已经基本设计完毕，但还需要根据各方需求及方案优化进行细节调整。确定方案后，要将设计内容绘制成方案图纸，清晰地呈现本次设计的理念和建成效果。风景园林设计图纸通常包括总平面图、鸟瞰图、效果图、分析图、剖面图、局部节点图、节点透视图、植物种植图、苗木表等，完善的图纸表达是设计实施的基础。

第四节
工程实践阶段

在风景园林规划设计的具体工程实践过程中，由于各类现实条件的影响，很难按照具体的类型、尺度对实践项目进行归纳总结，每一个项目都有其特殊的背景与现实情况，突破类型的限制，掌握设计的方法，是风景园林规划设计方法论的根本。

一、施工图绘制

在工程实践阶段最重要的是施工图的绘制，施工图是设计想法的具体落实，从尺寸到材料样式都需要精准的图纸数据（图 2-38 ～图 2-42）。景观项目的最终效果除了取决于设计的好坏外，施工的细节也是重要内容，精细的施工能够为设计实现多一份保障，也能让使用者体会到设计的细节。

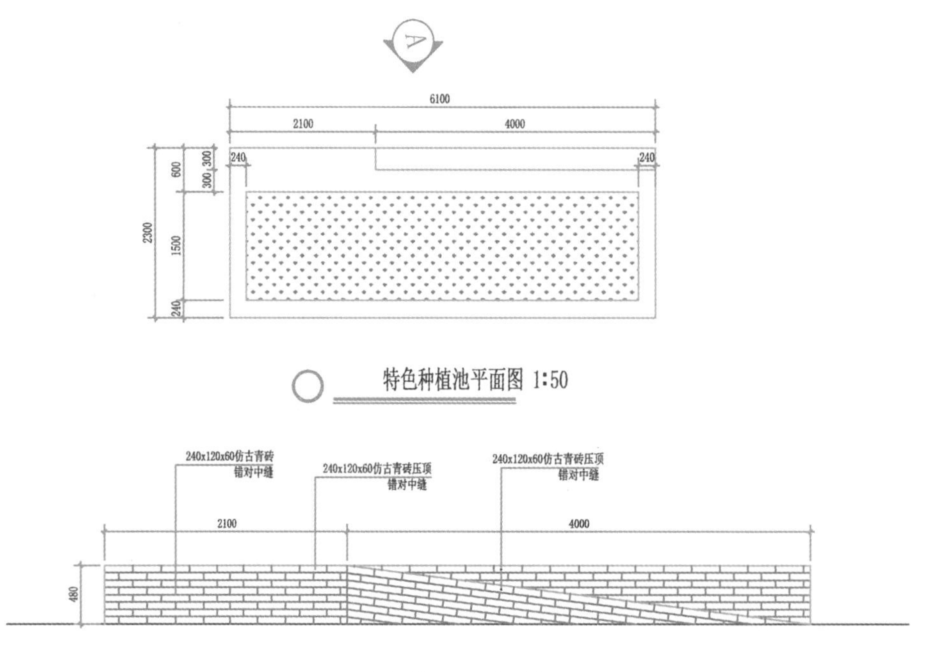

图 2-38 种植池施工图（单位：cm）

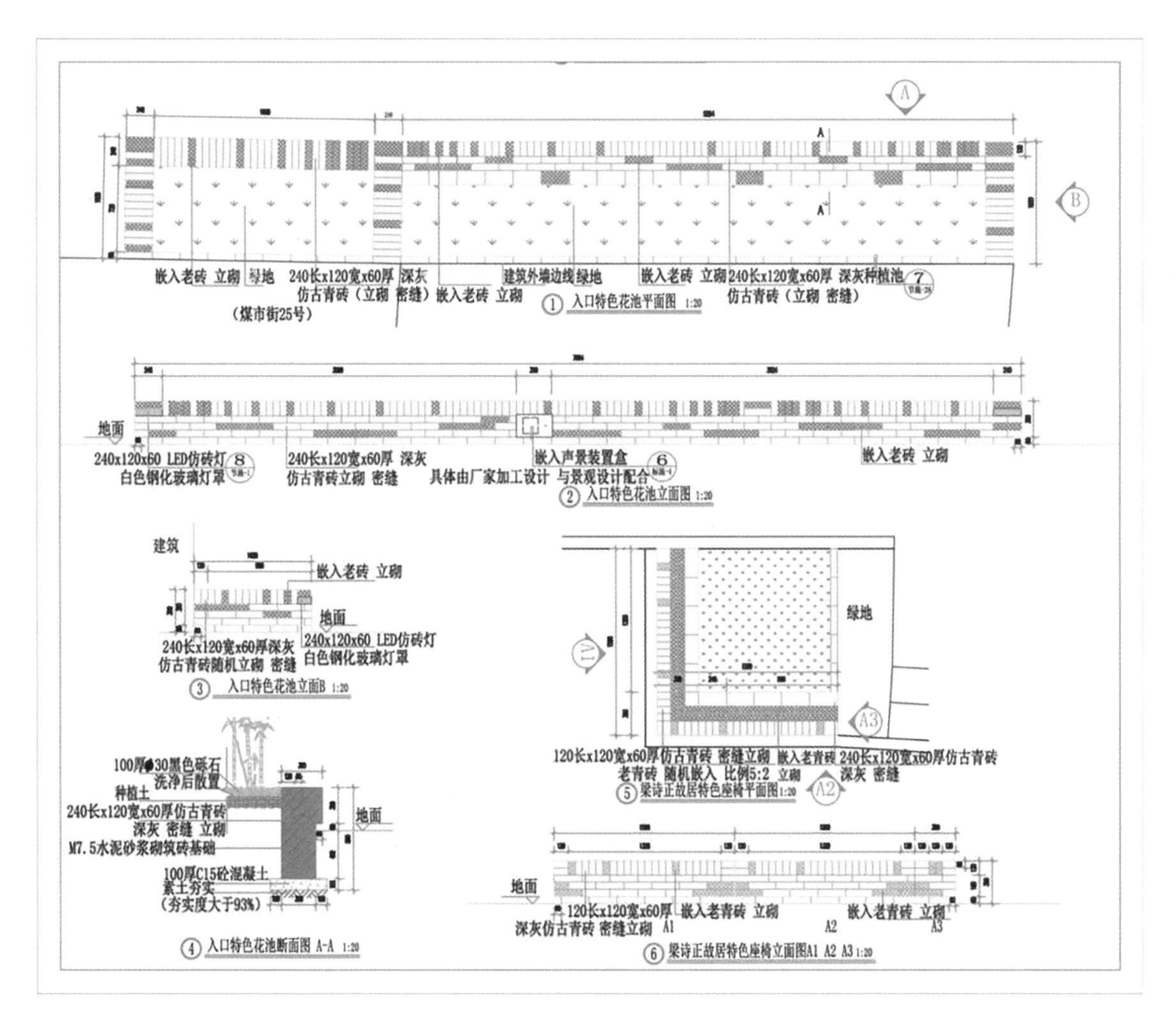

图 2-39 花池、座椅施工图（单位：cm）· 扫描本书封底二维码，公众号后台发送“风景园林”，获取高清大图

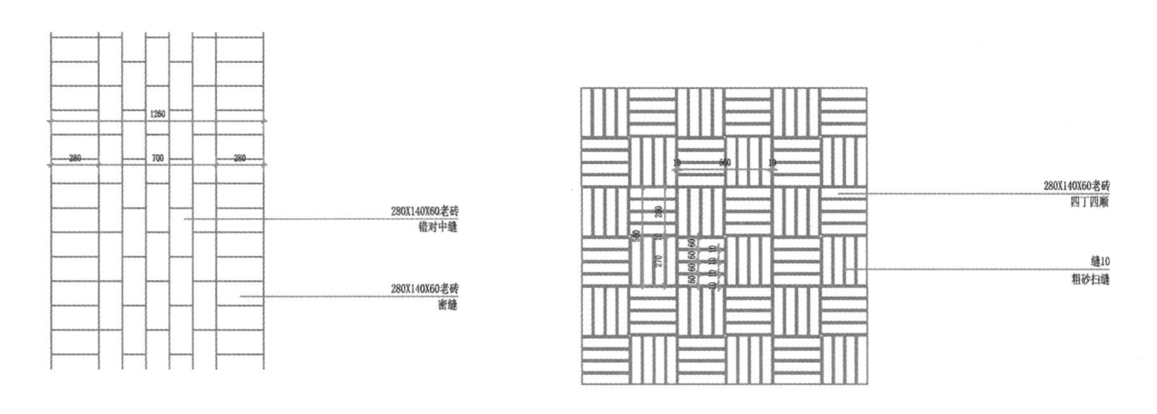

图 2-40 铺装施工图 1（单位：cm）

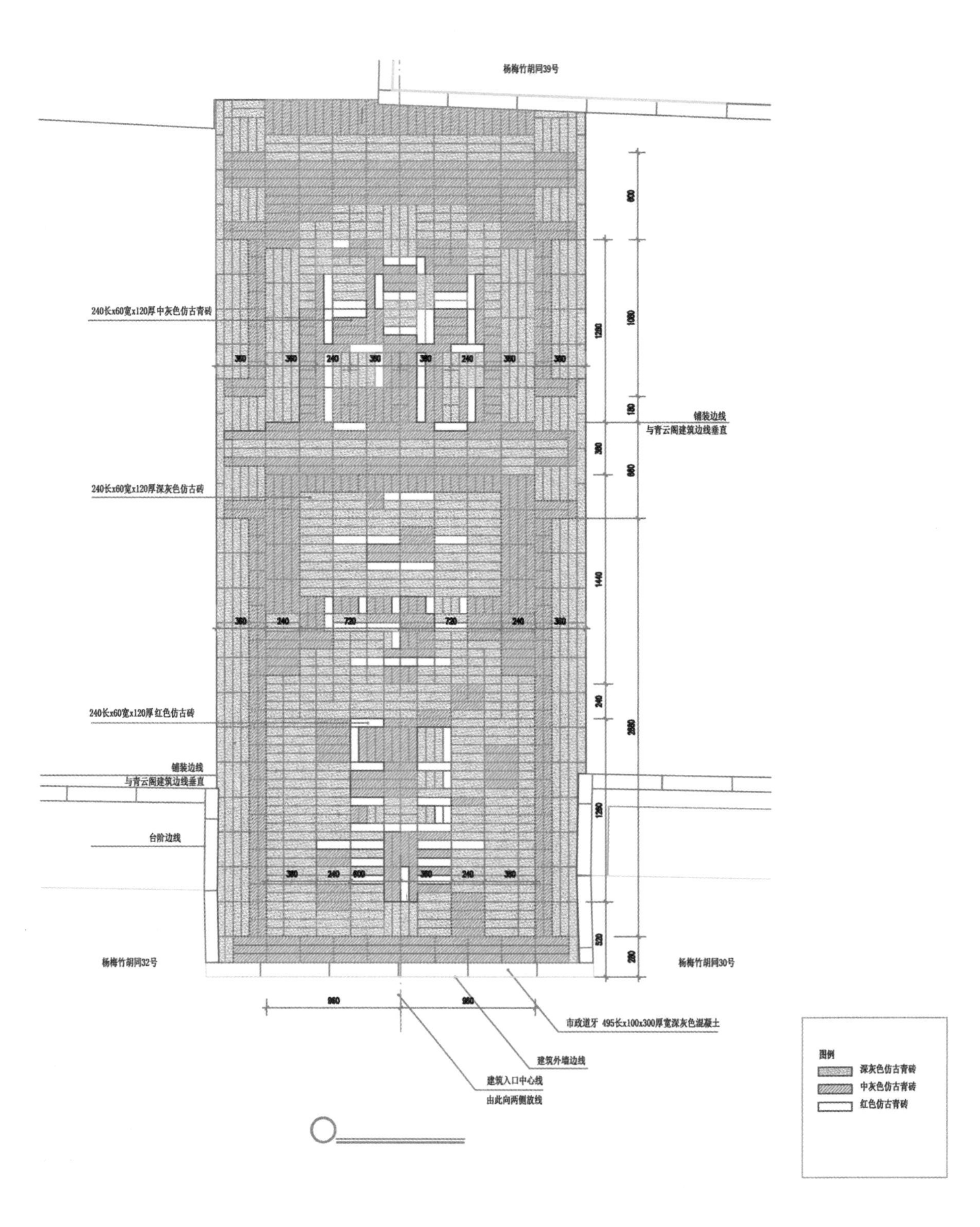

图 2-41 铺装施工图 2（单位：cm）· 扫描本书封底二维码，公众号后台发送“风景园林”，获取高清大图

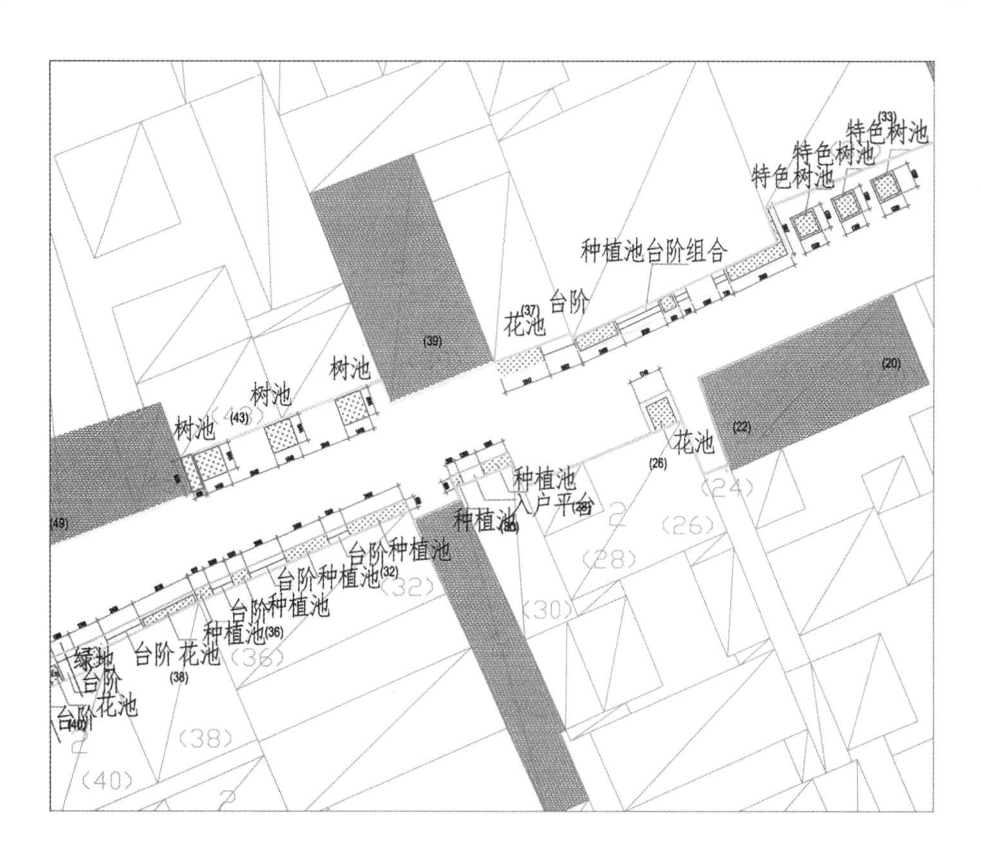

图 2–42 园林施工图

二、场地后续发展规划

一个项目的工程实践并不是设计的完结，可持续技术的应用对后续场地的发展具有重要意义。随着城市生态的日益恶化，生态保护和可持续发展的理念逐渐被重视，不少风景园林的设计围绕着可持续发展进行，最为常见的有生态修护、生物多样性保护、城市洪涝改善等。可持续技术的应用借助于风景园林项目得以实施，有利于改善城市问题。除了可持续技术的应用外，在场地设计细部方面，废弃材料再利用及再生性材料应用等对城市环境的可持续发展也有重要意义。多种形式的可持续材料和技术确保了项目对生态环境的保护以及应对气候变化的积极效应，不仅对城市微气候环境改善有益，还可以营造更加健康、舒适的人居环境。

三、智慧化技术手段的应用

科技的飞速发展，让风景园林行业逐渐变得智慧化，各种互动式景观设计为传统风景园林场地设计提供了新的思路，如北京市海淀公园采用智慧化技术将健身、文化交流、教育与景观相结合，为公园带来了与众不同的景观体验，增强了互动性，吸引了周边居民到此进行户外运动和休闲娱乐。虽然使用智慧化技术手段娱乐性很高，很有吸引力，但要考虑到后期维护成本，如果不进行良好的维护管理，原有的亮点也会消失，那样就无法达到设计之初的目的。

四、建成后使用评价

风景园林项目建成之后，在使用的过程中会产生各种反馈，使用后的评价尤为重要，可以清晰地显示设计是否和预期一样对周边人居环境产生影响。风景园林的效益评估可追溯至 20 世纪 60 年代兴起的使用后评价（Post-Occupancy Evaluation，简称 POE），其中的绩效评价方法自 2010 年起被大众熟知，并广泛应用于风景园林项目的评价中。它的研究注重对建设成果的实证评价，提倡通过一系列“案例研究调查”（Case Study Investigation，简称 CSI）的方法来准确量化建成项目的景观绩效。景观绩效关注对每一个项目实际绩效的度量，其核心的策略是确定项目的可持续特征，从生态、经济和社会三大方面构建开放性的景观绩效的可持续特征度量体系项目。北京林业大学在 2020 年构建了适应性风景园林效益评价体系平台，旨在通过构建基于实证的量化评价指标体系和系统化的评价标准，结合线上评价平台的开发为风景园林效益评估提供具有可操作性的评价手段。

CHAPTER

3

第三章

城乡绿地风景园林规划设计方法与实践

城乡绿地风景园林规划设计在实践过程中常常包含城市绿地分类标准中的区域绿地，如郊野公园、森林公园等，也会包含规模较大的公园绿地，如城市中的综合性公园、游乐公园等。随着党的十七大提出“统筹城乡发展，推进社会主义新农村建设”，美丽乡村建设成为近几年的热点话题，在风景园林规划设计的实践领域，乡村景观建设也是城乡绿地风景园林规划设计的重点之一。

第一节
城乡绿地风景园林规划设计方法

一、城市公园规划设计要点

（1）规划设计特点

城市公园作为城市绿地的重要组成部分，其规划与设计要满足现代社会的生活需求和城市发展理念。城市公园的独特性在于其地处高密度的楼宇之间，是“灰色”区域中难得的“绿洲”，因此在进行规划设计时，要依据城市的总体规划，融入城市的社会文化内涵，体现设计主题与思想，为城市环境的提升带来一定帮助，满足城市发展需求。同时，思考如何利用有限的城市绿地，解决高密度区域气候环境较差的问题，为已经开发成熟的区域注入新的活力，重新塑造场地，打造城市新的亮丽的“风景线”。

城市公园的规划设计应侧重于利用场地现有资源，合理配置景观设计要素，同时要考虑场地历史的发展对城市文化的传承；市、区级公园的范围线应与城市道路红线重合，在条件不允许时，必须设通道使主要出入口与城市道路衔接。在规划设计时，要注重公园边界与城市的融合，强化公园内的区域特征，带状公园应具有隔离、装饰街道和供人们短暂休憩的作用。园内应设置简单的休憩设施，植物配置应考虑与城市环境的关系及园外行人、乘车人对公园外貌的观赏效果。街旁游园应以配置精美的园林植物为主，讲究街景的艺术效果，并应设有供人们短暂休憩的设施。创造多样性的空间可以满足不同人群的使用需求，为城市的现代化、可持续化和人居环境的和谐发展做出努力。

（2）规划设计难点

城市公园的设计难点首先在于如何协调现有场地与周边的关系，这需要在规划设计之前进行大量的调研分析，结合周边使用人群的诉求，设计满足需求的城市公园。公园设计必须以创造优美的绿色自然环境为基本任务，并根据公园类型确定其特有的内容。其次，是考虑如何利用景观化手段缓解城市发展带来的生态问题，城市公园在符合景观效果的同时还应该对生态环境起到一定的修补和保护作用。最后，是城市公园的活力如何保持，建成后的城市公园不能仅满足当时所需，更应该为长久和可持续发展的未来而考虑。

各类公园人均占有陆地面积指标应符合表 3-1 的规定。

表 3-1 人均占有陆地面积指标

公园类型	人均占有陆地面积（m^2/ 人）
综合公园	30 ～ 60
专类公园	20 ～ 30
社区公园	20 ～ 30
游园	30 ～ 60

园路应根据公园总体设计确定路网及等级系统设计，应根据公园的规模、各分区的活动内容、游人容量和管理需要确定园路的路线、分类分级和园桥、铺装场地的位置和特色要求。园路的路网密度宜在 150 ～ 380 m/hm^2，动物园的路网密度宜在 160 ～ 300 m/hm^2。全园的植物组群类型及分布应根据当地的气候状况、园外的环境特征、园内的立地条件，同时结合景观构想、功能要求和当地居民游赏习惯确定，丰富植物组群，增加植物多样性，满足生态稳定性的要求。

二、郊野公园规划设计要点

（1）规划设计特点

郊野公园是保护城市生态环境、提升城乡空间景观层次和游憩功能的重要载体。郊野公园一般位于城市外围区域，是城市重要的生态涵养与自然保护区域，郊野公园的合理分布对城市的发展和自然环境的保护都能够起到正向作用。因此，郊野公园的规划设计要统筹协调游憩功能开发和城市可持续发展两方面，加强公园内生态系统与周边生态系统的连续性和完整性，同时，公园的生态功能应符合上位规划要求，立足现状资源和基地特色，以自然野趣为基调，以田园风光为特色，强化基地原有景观风貌，提升现状景观资源价值，共同营造和谐宜居的城市环境。

近几年，在生态文明建设的大背景下，郊野公园建设加快，发展迅速。由于郊野公园面积较大，因此在进行规划设计时要重点考虑公园的结构和布局。郊野公园的生态涵养效益对于植物的选择也有要求，多样的、以本土植物为主的种植能够更好地保护当地生态环境。由于远离城市中心，因此，如何让郊野公园吸引更多人成为规划设计时需要思考的部分。郊野公园的规划设计要利用周边自然环境，开发相对应的户外活动和场所，塑造功能丰富的空间，如散步道、骑行道、野营区等，吸引不同类型的人群来此旅游，打造产业链，带动周边区域发展。同时，也应以提升和改善城郊、乡村地区的生态环境，增加市民游憩空间，更好地保护和传承本土历史文化，协调当地居民生产生活为目标。应充分发挥郊野公园自身独特的环境与资源优势，因地制宜地进行设计，打造公园特色。

（2）规划设计难点

郊野公园的规划设计难点首先在于如何针对现状条件处理复杂多变的地形结构，巧妙地利用地形变化营造出特别的景观空间，为游客带来不同的游园体验，并遵循海绵城市建设理念，提高地表径流雨水的汇集、调蓄、渗透、净化、利用与防洪排涝能力。其次，保护自然资源的生态效益也是郊野公园规划设计中要重点考虑的因素之一，在充分调研分析了当地生态环境资源后，要针对破坏程度较高、需要加强保护力度的区域进行整理和修复，以期在满足娱乐休闲的同时对生态环境的优良发展起到一定帮助。再次，郊野公园的建设应与所在地的乡村建设相协调，应在符合上位规划的前提下，对农民的生产、生活进行适当的调整和引导，在保护传统村庄风貌与人文环境的基础上，创造特色农田景观，同时加强村庄的生态环境建设和基础设施建设，挖掘独具特色的农业观光及相关的延伸产业与游憩活动，提升乡村人居环境（表 3-2）。

郊野公园中的植物配置也要符合郊野公园特点，体现自然野趣，多选择乡土植物，参照周边区域自然植被与环境特点，与地形地貌有机融合，构建具有本地特色的近自然植物群落景观，形成特色的郊野风貌。

表 3–2　上海地方标准中关于郊野公园设计的各类控制指标

类型	指标名称		指标和要求
生态	林地保有量		比现状面积有效增加
	现有生态资源保有率	管控林地	100%
		非管控公益林地	原则上不得调整，确要调整应先补后占
		古树名木及后续保护资源	就地保护
		自然湿地（含河网）	100%
	河道	生态河道比例	逐步提升
		河网面积	≥ 11%
	农业	农田林网控制率	≥ 95%
		耕地面积	不减少
		农田设施管控率	100%
	完整的绿道系统		100%
环境	集中设施截污纳管率		100%
	分散设施污水处理率		100%
	生活垃圾无害化处置率		100%
景观人文	人文资源的保存率		100%
	自然村落保护		根据规划进行保护与调整
建（构）筑物占地	占地规模		用地规模不超过开园面积的 0.5%，并且不应低于 0.3%

三、乡村景观规划设计要点

（1）规划设计特点

乡村景观有着浓厚的地理文化特征和农业生产特征，是城市生态环境的重要组成部分。区别于其他景观类型，乡村景观既有人文景观，又有农田、果林等人工种植景观。因此，乡村景观的规划设计要兼顾人文风光和自然环境特点，合理适度的景观设计能够带动乡村发展，转变村民的生活空间，重新激发乡村的活力。乡村景观的规划设计目的大多数是改造与振兴，因此首先要注重地域传统文化脉络的继承与发展，合理利用当地传统文化的内涵，以景观设计理念与当地文化传统元素相融合，在保留乡村本味的同时，进一步提升乡村景观。其次，在保护乡村现有景观和建筑肌理的基础上，结合当地地形地貌与民居特点，对乡村内部的空间进行合理开发，不破坏具有地域特色的风貌。最后，借助乡村自然景观优美的特点，修整基础设施，重新规划种植类型，充分利用乡土树种，选用可持续性强的本土植物，实现自然循环，完善和创造符合产业发展的新的景观空间。

（2）规划设计难点

乡村景观规划设计的难点在于它涉及的范围较广，包括景观生态学、地理学、农学等多方面的专业知识，在规划设计时需要进行综合考虑。首先，要将自然景观与乡村景观设计相结合，因地制宜地进行景观规划，综合考量乡村景观的整体布局和田园风光，最大限度地保护当地生态环境，打造生态宜居的乡村景观环境。其次，乡村景观要结合地域文化特色设计，在规划设计新的景观时也不能忽视当地的文化脉络，应深入发掘古村落、古建筑、古文物等乡村物质文化，更多地体现当地地域文化属性、乡风民俗景观。最后，乡村景观的规划设计不仅要注重改善当地的生态环境，还要考虑到未来的经济产业结构，考虑什么样的景观能够带来经济效益，促进乡村经济的发展。在乡村景观规划设计前应深入了解村民生活需求，了解他们的生活环境，做出真正符合乡村自身特点、能解决村民需求的景观规划设计。总而言之，乡村景观规划设计的难点在于协调文化、生态、经济三者之间的关系，追求和谐共赢。

山西省标准中要求乡村景观设计绿化覆盖率指标要满足山区村≥ 50%、丘陵村≥ 35%、平原村≥ 20%，以及乡村范围内人均公园绿地面积不少于 5 m^2 的要求。

四、新城景观规划设计要点

（1）规划设计特点

与传统城市面临的更新发展不同，新城景观在设计之初就已经有了较为系统的上位规划，对区域的发展有了明确方向。新城的景观设计在于“新”，因此规划设计时要考虑到总体定位，以及时代特征和先进科技手段的运用。新城景观规划的重点是以城市居民总体利益和城市发展为价值取向，以可持续发展的理念贯穿城市发展的每个环节，采用理性科学的景观规划设计，最大限度地利用现有成熟技术，营造满足新城发展和居民生活所需的舒适、健康的城市环境。在新城景观规划设计中也应考虑城市环境的需求，结合可持续发展的战略特点，运用生态设计的理念，结合新城的自然环境特点，充分了解新城当地的水源、植被、土壤、地形地貌等自然环境，构建新城的景观生态背景，创造出适宜的人居环境。

（2）规划设计难点

首先，新城景观的设计难点在于城市发展是变化的，对于不同时期的目标，针对的问题也有所不同，因此在规划设计时要注意景观的时间因素，考虑时间带来的变化发展，侧重设计弹性的景观。其次，新城景观要将可持续发展等先进理念应用在其中，如何将现代化技术手段完美地应用在景观场所中也是要考虑的难点之一。最后，新城景观是服务于人的，要结合使用人群的特点进行规划设计，利用大数据等手段对人群进行分析，设置合理的景观功能布局，城市绿地的建筑应与环境协调，提升城市运转效率，有效利用景观规划设计构建品质社区以及塑造新城的人文精神，有针对性地满足新城中居民的生活所需。

同时，新城的景观规划设计也应充分结合城市整体区域的上位规划，根据不同的城市规模与空间结构构成，规划设计不同的新城景观空间，还要注意延续新城本身的生态历史格局，建设生态景观总体框架，保持新城的可持续发展和资源控制及生态环境。新城区更应均衡布局公园绿地，扩大服务覆盖范围，同时合理规划景观空间的密度、尺度，挖掘设计规划的深度、潜力，营造景观活力，打造与新城城市空间相融合的景观空间韵律。

五、城乡绿地风景园林案例解析

（1）新加坡碧山宏茂桥公园（图 3-1 ～图 3-3）

项目位置：新加坡

完成时间：2012 年

项目规模：620 000 m^2

设计公司：德国戴水道设计公司（Atelier Dreiseitl）

① 项目背景

新加坡从 2006 年开始推出“ABC 计划”（Active，Beautiful，Clean Waters Programme，即活跃、美丽和干净的水计划）。除了改造城市的排水和供水系统之外，还为市民提供了新的休闲娱乐空间。同时，他们还提出了一个新的水敏城市设计方法（也被称为 ABC 计划在新加坡水域设计的亮点）来管理可持续雨水的应用。ABC 计划倡导全民共享水资源，将沟渠和水道改造成美丽的滨水环境，鼓励社区也加入保持水系清洁的工作，通过创建近水的社区空间，鼓励人们爱惜水源，保持水源清洁，为新加坡成为一个充满活力的城市花园奠定了坚实基础。其中，碧山宏茂桥公园是 ABC 计划下的旗舰项目之一。

② 设计理念

将加冷河（Kallang River）从笔直的混凝土排水道改造为蜿蜒的天然河流，公园和河流的动态整合，为碧山宏茂桥公园打造了一个全新的、独特的标志性景观。崭新、美丽的软景河岸景观增强了人们对河流的归属感，人们对河流不再有恐惧和距离感，能够更加近距离地接触水体、河流，开始享受和保护河流。此外，在遇到特大暴雨时，紧邻公园的陆地可以兼作输送通道，将水排到下游。碧山宏茂桥公园作为一个启发性的案例，展示了如何使城市公园作为生态基础设施，与水资源的保护和利用巧妙地融合在一起，起到洪水管理、增加生物多样性和提供娱乐空间等多重功用。人们和水的亲密接触，增强了公民对环境的责任心。

③ 方案设计

河道生态修复

公园河道现状是笔直的混凝土河岸，设计首先要解决的是将河岸改造为自然式的问题，这是对整条河道这一段落生态本底的修复。设计通过构建水力模型模拟河流动态变化，参照水体流速、土壤侵蚀速度等指标确定关键水利设施节点的建造方式与技术选择，并运用土壤生物工程技术加固河岸，减缓水流侵蚀速度，

图 3–1 碧山宏茂桥公园

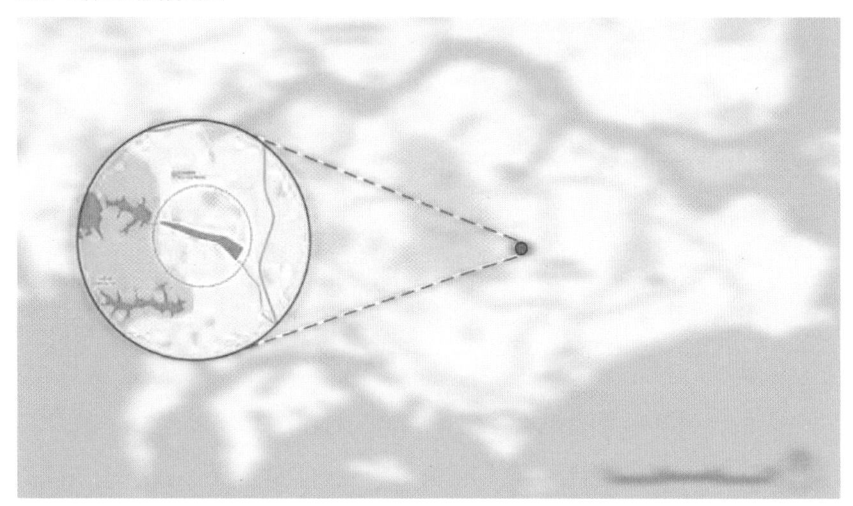

图 3–2 碧山宏茂桥公园位置图

图 3–3 碧山宏茂桥公园红线范围图

通过日渐增强的稳固性实现河道的自我修复。设计团队通过反复调试，最终确定将土工布、芦苇卷、梢梱、石笼、植被和筐等材料应用于河道的驳岸修复工程之中。植物配置方面，在水流速度较高和土壤较容易被侵蚀的关键位置种植比较茁壮的植物。

生物多样性保护

自然式河道的改造方式运用了土壤生物工程技术，由此创建了多样化的微生物栖息地，这也是新加坡首个生物净化群落的河道改造项目。种植了多种水生植物的自然河道驳岸，营造出局部湿地环境，以自然的手段在水体源头维持水质清洁，同时也为生物多样性发展提供了便利条件（图 3-4、图 3-5）。

可持续水循环利用

新加坡降雨量丰富，水文循环过程侧重于引导雨水回补地下水或资源再利用，降低市政管网的排水压力，将园内及周边汇集的雨水输送至池塘内，初步沉淀水中的悬浮污染物，再流经梯级湿地，利用生物净化群落逐级过滤雨水，最后通过沼泽林地深层净化，将处理后的雨水重复利用或排放至加冷河。整个公园构建了可持续的水循环利用模式。

碧山宏茂桥公园项目不仅打造出了动态的生态水循环系统，还将其他设施进行了提升和改造，为重建后的 620 000 m^2 公园增添了各种新的设施，创建了具有活力的城市休闲娱乐场地。在这里，人们能更进一步接近自然、欣赏自然。

④ 其他

碧山宏茂桥公园的修复遵循了由国家政府主导、公众参与的自上而下的建设和管理过程。市民自发定期组织会议和活动，时刻关注园区水质清洁问题与生

图 3-4 溪流景观

图 3-5 河道丰富的植物景观

态环境问题。很多学校结合课程教育组织学生对公园进行实地考察，了解河流的生态改造过程与国家水资源管理发展趋势，并积极参与公园各类活动。这些表现反映了公众在公园建设及水生态修复方面观念的转变，并从中找到了参与感和归属感。

新加坡碧山宏茂桥公园项目实现了城市基础设施功能性与景观性的相辅相成、相得益彰，使两者在彼此的实现过程中得以充分发挥效力。公园作为蓝绿城市基础设施的一项新计划，强调了水资源供给和洪水管理的双重需求，同时又为城市之中的人们创造了自然空间（图 3-6、图 3-7）。

图 3-6 公园中的活动休息区域

图 3-7 与自然共融的城市生活

周末孩子们可以来到这里戏水游玩，环保主义者未来也将谈起他们幼年时期学校组织的公园拓展活动。总之，碧山宏茂桥公园为新加坡美丽、宜居的国家形象增添了重要的一笔。除此之外，市民的参与设计调动了民众的参与感、互动感和积极性，有利于促进大家共同保护和热爱自己的城市，共建共享和谐家园。

（2）澳大利亚西悉尼蜥蜴原木公园（图 3-8 ～图 3-10）

项目位置：澳大利亚·悉尼

完成时间：2011 年

项目规模：50 000 m^2

设计公司：McGregor Coxall 设计事务所

① 项目背景

由 McGregor Coxall 设计事务所设计的澳大利亚西悉尼蜥蜴原木公园（Western Sydney Parklands Lizard Log）原为 Pimelea 公园，是为 2000 年悉尼奥运会建设的项目。蜥蜴原木公园所属的西悉尼公园位于悉尼西部地区，占地 52.8 km^2，绵延 27 km，拥有超过 60 km 的步道和小径，是悉尼当之无愧的后花园。蜥蜴原木公园位于西悉尼公园中部，是西悉尼公园广阔空间中 10 个主题公园之一。蜥蜴原木公园占地 50 000 m^2，包含一个儿童自然游乐场，该游乐场被评为悉尼 50 个最佳游乐场之一。

公园的新规划设计坚持可持续发展的策略，与当地的自然风光相呼应，力图营造出温馨的乡村田园风光。公园相关服务设施采用太阳能设备，利用灰水冲厕及灌溉。公园中尽量使用可回收利用的循环材料，包括卫生间、烧烤及野炊设施、儿童游乐区设施、大型活动场地和桥梁，以及新建停车场。公园采用本土植物种植结构，保证植物群落的原生特性。在此基础上为孩子们精心打造游乐设施，保证安全性，丰富身心体验。停车场采用“无管道”策略，放弃传统的雨水管理系统和地表径流系统，利用小型湿地花园收集雨水，打造郊野风景，保证美观与低成本共存。

② 设计理念

公园的名字来源于场地中的蜥蜴雕塑与游乐设施，蜥蜴也成了蜥蜴原木公园的艺术 IP，被应用于各类儿童游乐设施之中，创造出独具特色的公园主题。

公园的改建注重原有地形地貌与本土植被，因地制宜，保护场地自然原生状态，无论活动场地建设还是各类设施的设计，都与原有环境完美结合，从选材

图 3-8 西悉尼蜥蜴原木公园

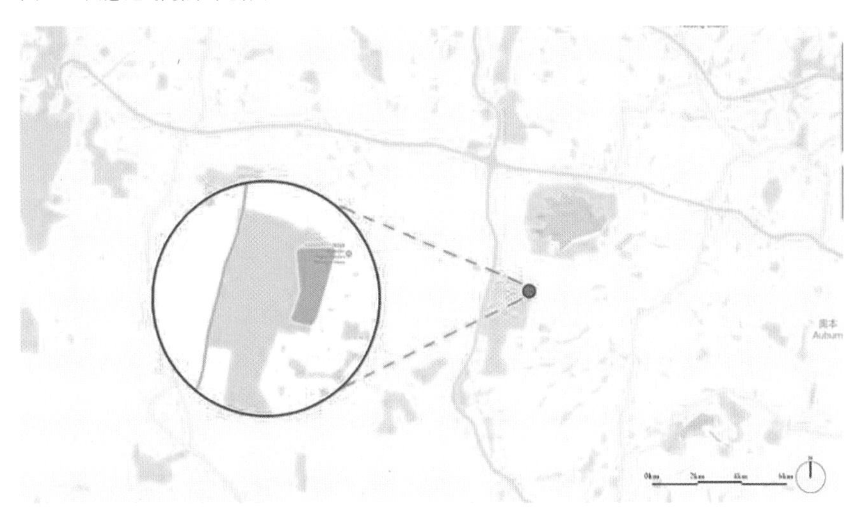

图 3-9 西悉尼蜥蜴原木公园位置图

图 3-10 西悉尼蜥蜴原木公园红线范围图

到设计都尊重场地现状风貌，营建自然而富于野趣的公园环境。

③ 方案设计

自然中的乐园

蜥蜴原木公园中的游戏场地设施和构筑物数量很多，但设计在保留场地原有地形地貌、植被结构的基础上，将游戏场地嵌套进公园中，并在设计细节上以简单、自然的处理方式为主，使这个公园在保护了原有自然面貌的基础上满足了游人的娱乐需求。

为确保良好的视觉效果和场地连通性，游乐场的各种设施，公园的烧烤架、凉亭、休息空间和一些服务设施，都被精心地安排在场地之中，既可以方便人们使用，又与自然环境完美融合。

自然与野性的游戏方式

在野趣十足的郊野公园中，在突出自然环境的同时，娱乐设施必不可少。蜥蜴原木公园中的儿童游乐场以野性与自然的融合作为设计主题，旨在传承澳大利亚狂野的地域特征和崇尚自然的美学精神。游乐园中的设计要素以水、沙、原木与自然植物为主，创造了独具特色的野性与开放的游戏方式（图3-11、图3-12）。

游乐场的各类设施玩法以野性、独立、开放为主要特点，旨在通过非结构化游戏和自然、富有野趣的游乐设施，让孩子们在生理和心理上都受到一定的挑战，从而增强儿童的创造力和社交能力，并重新建立儿童与自然的连接。游乐场还设置了大型的飞狐滑索、单点秋千、多人平衡转盘、带有攀岩墙的大滑梯等富有挑战性的游戏设施。

图 3–11 景观与设施结合

图 3–12 自然娱乐环境

各类自然化的景观要素设计

游乐场的设施组织以一条隐藏在地表下的“水渠”为核心，场地中几乎看不到水，但孩子们可以通过沿途戏水点处设置的水泵抽水，极大地激发了孩子们的好奇心与探索欲，也使得整个场地充满了参与感与趣味性，同时，也暗示了孩子们水资源的稀缺并使其产生保护水环境的意识。

公园中的大部分游戏设施都由原木构成，材料来源于游乐场建设过程中砍伐的枯木，经过精心挑选和简单的加工处理，这些枯木被巧妙地放置在游乐场的沙地中，与绳索组合成平衡和爬攀的游戏设施，并且有机地融入公园的自然景观之中。游乐场的安全缓冲场地铺设了大面积的沙地，这种天然的材料本身就是孩子们最喜爱的游戏材料之一。游乐器械区还设置了挖砂机。

一站式游乐场所

除了儿童游乐场，蜥蜴原木公园还是野外自然爱好者的天堂。公园中 1.6 km 长的 Pimelea Loop 路径风景优美，是适合所有人的散步道。另外一条 Parklands Track 步道将蜥蜴原木公园连接到西悉尼公园的其他区域，是进行长途户外步行或自行车骑行的绝佳选择。

公园中设置了多个户外野餐烧烤站，较大的地方可以容纳 60 ～ 100 人，是举行各种户外活动的理想场所，如家庭聚会、节日庆典、贸易展览、公司活动和露天电影放映等。在公园的入口处有咖啡和简餐的售卖亭，可以满足游客的餐饮需求。公园中偶尔还会举办农产品集市，人们可以在这里买到西悉尼公园自产的有机农产品。

④ 其他

蜥蜴原木公园展示了这样的一种可能性：在广阔的自然环境背景中，最大限度地使用自然元素构建儿童的游戏空间，设计游戏体验，从而将游乐场真正融入自然环境中。对儿童而言，这样的场所设计能为他们带来城市生活中缺乏的与自然亲密接触的机会，以及更多对身心有益的、自由开放的“非结构化游戏”。除此之外，公园考虑了生态与可持续的因素，这些自然而富有野趣的场所与游乐设施设计，在较长的时间内都不会变得过时或与环境格格不入。

此外，蜥蜴原木公园提供的较大面积的包容性游乐环境和一站式服务，如高品质的自然景观、可供散步或骑行的路径、必要的休息空间和庇护所、广阔的草地、烧烤区、足够的停车空间等，成为吸引家庭和团体前来进行日常和周末半日游的关键要素（图 3-13）。

蜥蜴原木公园重新思考了人与自然的关系，并将其体现到“从场所到设施的所有承载人活动的细节”中去，重新定位场所的服务对象，在儿童游乐需求引领的基础上考虑以家庭为单位，兼顾全年龄段人群的活动需求，为城市提供了一处充满吸引力、近距离接触大自然的场所，这是新型城市公共空间和混合型游乐场所设计的未来趋势（图 3-14）。

图 3-13 野餐区

图 3-14 网络评价截图

（3）德国施瓦本格明德村镇（Schwäbisch Gmünd）再开发（图 3-15～图 3-17）

项目位置：德国·巴登 - 符腾堡州

完成时间：2014 年

项目规模：14 600 m^2

设计公司：A24 土地管理公司

图 3-15 施瓦本格明德村镇

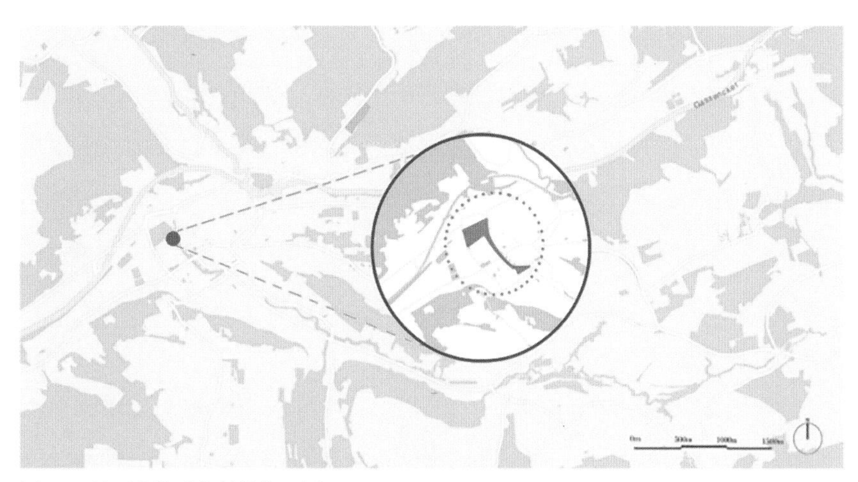

图 3-16 施瓦本格明德村镇位置图

图 3-17 施瓦本格明德村镇位置红线范围图

① 项目背景

施瓦本格明德村镇坐落于斯瓦比亚汝拉山北部，雷姆斯河畔，斯图加特东部 50 km 处，是一座拥有悠久传统的城镇，1200 多年的历史使小镇独一无二且别具韵味。整个地区气候温和（尤其是在夏季，气温能够维持在 20 ～ 30℃），十分适宜居住和开展旅游业。施瓦本格明德是巴登 - 符腾堡州东部最古老的斯陶芬（Stafer）村镇，斯陶芬是德国以前的一个王朝，时间从 1138 年到 1254 年，是施瓦本格明德的一段辉煌时期。小镇早在公元 2 世纪就已经是一个聚居点，现有居民 6 万多人。

施瓦本格明德是一座非常值得细细品味的城市，多种多样的博物馆、壮观的市政厅、神圣的大教堂都是其文化的代表。这里一年四季文化活动不断，会经常举办现代艺术展、演唱会、珠宝展、多彩的节日庆典等，处处弥漫着欢乐的氛围。

21 世纪初，施瓦本格明德策划了一个影响深远的城镇再开发项目，为城市打造了一个新的绿色心脏。这个综合项目在结构上重新定位了城市内部的交通模式，历史上的城市建筑被重新挖掘并展示出来，新的城市轴线也被规划及建设起来，形成了广阔的公共空间。小镇形成了一条新的林荫大道及绿道，沿着城市旧溪流的小径和公共广场以及运动场所，塑造了市中心的新形象。在 2008—2014 年，这一公共空间改造项目成为重要项目，形成了城镇丰富的景观系统，并重塑了城镇结构，同时与 Wetzgau 景观公园共同作用于城镇现代化发展。

② 设计理念

施瓦本格明德村镇再开发项目中有趣的场所为参观人群提供了丰富的体验活动，其在 2014 年完工后一直作为区域休闲活动的重要公共空间。现在的施瓦本格明德村镇充满了时尚的惬意和艺术的气息，无处不在的园艺生活方式，为小镇注入了自然之美，在历史发展的进程中不断地打上现代的烙印，传统与现代元素交织融合，使村镇焕发新的活力。

由 A24 土地管理公司主持设计的城市中心区域的改造方案，主要包括城市道路的改善以及公共区域的扩建。设计方案尤其注重护城河和城市道路绿化带的建设，同时还有体育场等设施的兴建。规划的一个标志性建设就是通过河流的改造连接起原有城区和新区域，把旧的巴洛克风格城市花园、河流沿岸的广阔区域和老城进行整合，形成一个新的、宽敞的绿化区域。从这里一直到河口处，都可以看到焕然一新的绿化新面貌。

③ 方案设计

Wetzgau 景观公园项目

丰富的活动是园区一直保持活力的重要原因，在这里可以探索并观看植物萃取及其转化成药品的过程，以及化妆品和食品高度娴熟的加工工艺。丰富的空间场地布置和各种设施的合理运用，创造出开展大量活动的机会。这里的活动一年四季不断，尤其是深受小朋友们喜欢的水上乐园、结合地形修建的滑梯设施等，他们可以在这里参加各种各样的活动，并与大自然亲密接触（图 3-18）。

整个园区无论植物的搭配、结构的把握，还是各种设施布置，以及铺装的设计，都非常精致，它们共同构成了一个多层次的空间，同时也丰富了村镇的景观系统，为城镇区域带来了更优美的环境和更好的发展机遇。

图 3–18 水景娱乐区

村镇公共空间改造项目

村镇中有一条经过长期建设、穿过带状城市的溪流，名叫雷姆斯河，它经过河口汇入更大的河流之中，这个河口（德语：Mundung）是以这个村镇的名字命名的。河流位于老城和火车站之间，成为新的和原有的开放区域之间的纽带，巴洛克式的城市花园 Remspark 沿着水流沿线展开，形成了一个连接新旧村镇的绿色街区。为保证河流景观的可达性，设计将河床提高 4 m，并使以前陡峭的河岸变得平坦，从而加强了人与水之间的联系（图 3-19、图 3-20）。

图 3-19 地形及植物景观

图 3-20 城镇中心区河岸公共空间

村镇以前的四车道被一条绿树成荫的道路所取代，成了一个新的入口形象，同时，以主要的购物街为轴线形成了一个蓝绿色的环，通过对水岸的边界处理，河流再次向市民开放，通过河岸边缘的缩小和拓宽创造了各种不同视角和不同尺度的空间效果。步道连接了一系列公共广场和开放空间，将老城区与河流紧密相连。

在紧邻市中心的地方，沿着海滨长廊形成了新的活动地带。这里设置了多处年轻人的活动空间，如篮球场、足球场等，其中一个类似多层别墅的攀爬架，围合的空间尺度与房子类似，形成复杂的三维结构，创造出了将近 8 m 高的游戏空间。

原来的老城极度缺乏公共空间，尤其是在村镇的中心，几乎没有什么让人们休闲娱乐和集会的地方。该项目在沿河区域打造了更多活动空间，增强了村镇核心，为周围社区提供了健康活动场地，并促进了传统城镇的可持续发展。经过多年的建设发展，村镇中心区域的公共空间成了激发地区活力的重要元素（图 3-21）。

整个改造项目还有一个十分明显的特色，就是注重村镇绿地的打造和对景观要素的运用。通过对空间的整改、建筑物的拆除和重新安置，增加了绿地面积（尤其是村镇中心），设置了艺术景观装置，重新打造了一个完整的村镇景观系统，使村镇风貌更具有现代性和连续性。通过景观小品、休息座椅、公共基础设施等的建设将村镇新老元素相融合，完成乡村城镇更新换代（图 3-22）。

图 3-21 城镇的河道穿越中心区

图 3-22 街道雕塑景观与休息空间

④ 其他

随着全球化和去工业化过程的深入发展，乡村地区与外部城市地区的联系越发紧密，随着区域整体的功能调整与空间结构重组，其职能也已经由原先相对简单而独立的农业生产、景观与环境保护，而变得更加多样化。在这一过程中，文化认同的构建将与乡村地区追求社会稳定和新的发展方向紧密结合在一起，具体包含两方面内容：塑造与维护乡村地区文化景观，构建区域内外有认同感的整体形象；基于乡村地区发展的整体情况，推动具有未来导向，以满足乡村地区居民政治、经济和文化交往各方面需求为目标的更新与发展策略，加强社会参与，构建文化认同。

以施瓦本格明德所在的斯图加特区为例，该区域共有 270 万人口，斯图加特市人口有 60 万左右，其他人口分布在各级城市和市镇。通过良好的区域交通网络，城市和村镇共同构成了德国经济最发达的区域之一。斯图加特市内拥有重要的服务设施和就业岗位，基于良好的城际轨道交通和道路交通，周边居民可在一小时内到达斯图加特市。很多人在城市工作，但乐意居于乡村。乡村地区优美的自然风景和历史文化风貌，吸引了大量的中产阶层来此购房置业，满足心中的田园梦想。这既缓解了中心城市的压力，也为周边的村镇发展提供了强大助力。

乡村景观是人与自然之间最直接的联系，是一个地区在长期适应自然条件的过程中形成的文化，值得我们保护和传承。德国乡村为解决农村人口流失、土地资源浪费及传统风貌破坏等问题进行了一系列的可持续发展资源规划，其乡村面貌有了极大的改善。强调城市绿色空间对城市结构与发展的重大影响，通过先进的技术与前卫的理念，为乡村的发展提供新思路，激发新创意，使城市能够健康、高效地发展，满足人们日益增长的各种需求，实现可持续发展。

（4）德国慕尼黑里姆会展新城（图 3-23 ～图 3-25）

项目位置：德国·慕尼黑

完成时间：2005 年（德国联邦花园展结束后改建）

项目规模：6000 m^2

设计公司：Latitute Nord 公司

① 项目背景

慕尼黑里姆会展新城位于慕尼黑东郊，距城市中心约 7 km。场地曾经是慕

图 3-23 慕尼黑里姆会展新城

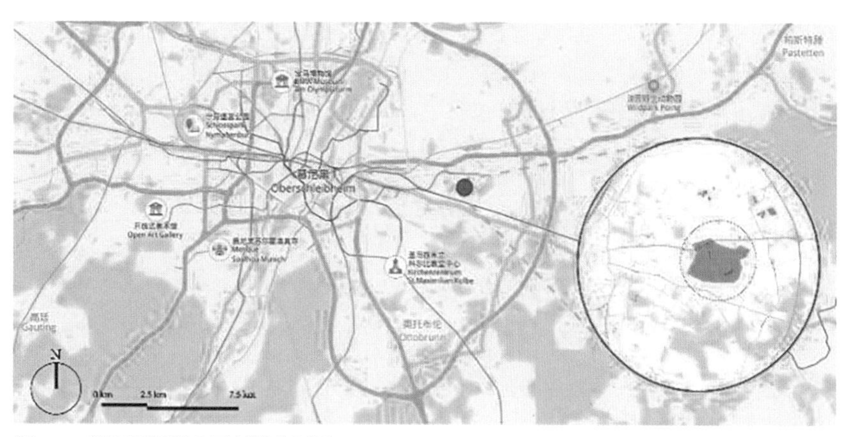

图 3-24 慕尼黑里姆会展新城位置图

图 3-25 慕尼黑里姆会展新城红线范围图

尼黑里姆机场，整个项目占地 6000 m^2，是德国规模最大的可持续城市发展项目之一，从 1995 年开始建设，至 2005 年已基本完成。其中，里姆风景公园位于慕尼黑新城南部，是慕尼黑第三大城市公园，该活动场所是 2005 年德国联邦花园展结束后改建的。里姆风景公园的规划建设特色鲜明，成为里姆会展新城的一大亮点。

② 设计理念

里姆会展新城建设的主要目标是开拓适合居住和工作的绿色场所。慕尼黑市政府在该项目中依据“21 世纪议程”，努力保证平衡和注重生态的城市开发。开发目标的核心可以归纳为紧凑都市化、生态绿色和可持续发展。

③ 方案设计

慕尼黑里姆会展新城的规划，经历了一系列深入的专项课题研究，以确保旧机场用地能够建设成为现代化的可持续发展的新城。规划专项课题包括生态建设规划、拆建规划研究、受污染土地无害化处理研究、城市基础设施规划研究、社会各阶层需求研究、能源系统规划研究、停车系统规划研究、空间概念规划研究、游戏场地规划研究、特色标志性树木规划研究、开放空间规划研究、市民使用者参与研究、艺术设施规划研究、保障设施规划。

新城交通体系规划主要分为公共交通体系、住区道路网络、非机动车交通与停车管理四方面。住区道路网络整合了多种类型交通方式，主要分为两类：一类是集散道路，用于分流进入住区的车辆，位于住区北向；另一类是居住街道，即实施“30 km 限速区”的道路，联系各个街区。里姆会展新城内充分考虑到非机动车的出行和便利性，规划了完整的步行与骑行网络，在各街区的开放绿地空间和里姆公园均规划了相互联系的独立自行车道路。

里姆会展新城项目规划突出绿化景观设计，其中绿化用地占整个用地的 1/3，绿地范围内种植大量的可提供树荫的乔木，起到控制风向的作用，并在绿地 1/3 的范围内种植灌木，建筑物向绿色走廊开口。内部道路至少种植一排行道树，以改善日照和风的影响，同时在平屋顶种植屋顶绿化，以改善区域小气候，降低能源和资源的消耗。

里姆会展新城规划了分等级的开放空间体系，依次为私人绿化空间、半公共庭院、公共绿色走廊和风景公园。中央绿轴从北侧社区入口一直贯通到南侧的风景公园，长约 1.3 km，由一系列不同的公共空间组成。每个公共空间具有不同的功能和景观特色，原机场瞭望塔被保留并改造成入口的标志。四个社区公园面积相仿、功能相近，包含了开放草坪、儿童游戏设施和系列小花园，空间尺度亲切，形成组团居民的绿色客厅（图 3-26 ～图 3-29）。

图 3-26 周边开放空间

图 3-27 新城公共活动空间

图 3-28 居住区活动空间

图 3-29 居住区休息空间

里姆风景公园利用不同层次的植物来划分空间，用植物界面来替代原本硬质的墙面，不同的植物搭配营造了更加自然的空间环境。花园展的植物在展会结束后被保留下来，作为该活动区域的景观。活动区被自然生态的绿色所包围，绿色植物在一定程度上能够缓解压抑的心情，让居民们更加舒心地在区域中进行各项活动。

场地内的体育设施以器械为主，注重使用人群的身体素质锻炼。丰富的活动设施为体育运动创造了无限的可能性，激发了使用人群的兴趣，从而将室内健身移至户外，促使主动的、亲近自然的健身娱乐活动产生（图 3-30、图 3-31）。

图 3-30 公共花园

图 3-31 体育设施

社区公园除了设有丰富的健身器材之外，还对这些器材的使用方法进行了非常详细的介绍。在公园入口的地方，就有运动前热身、运动心率控制，甚至正确的徒步方式的相关指导，在各个专项设施旁边也同样配有使用指南和运动模式建议。使用指南能够更好地帮助运动者保护自己的身体，减少一定的运动损伤，避免出现适得其反的结果（图 3-32）。

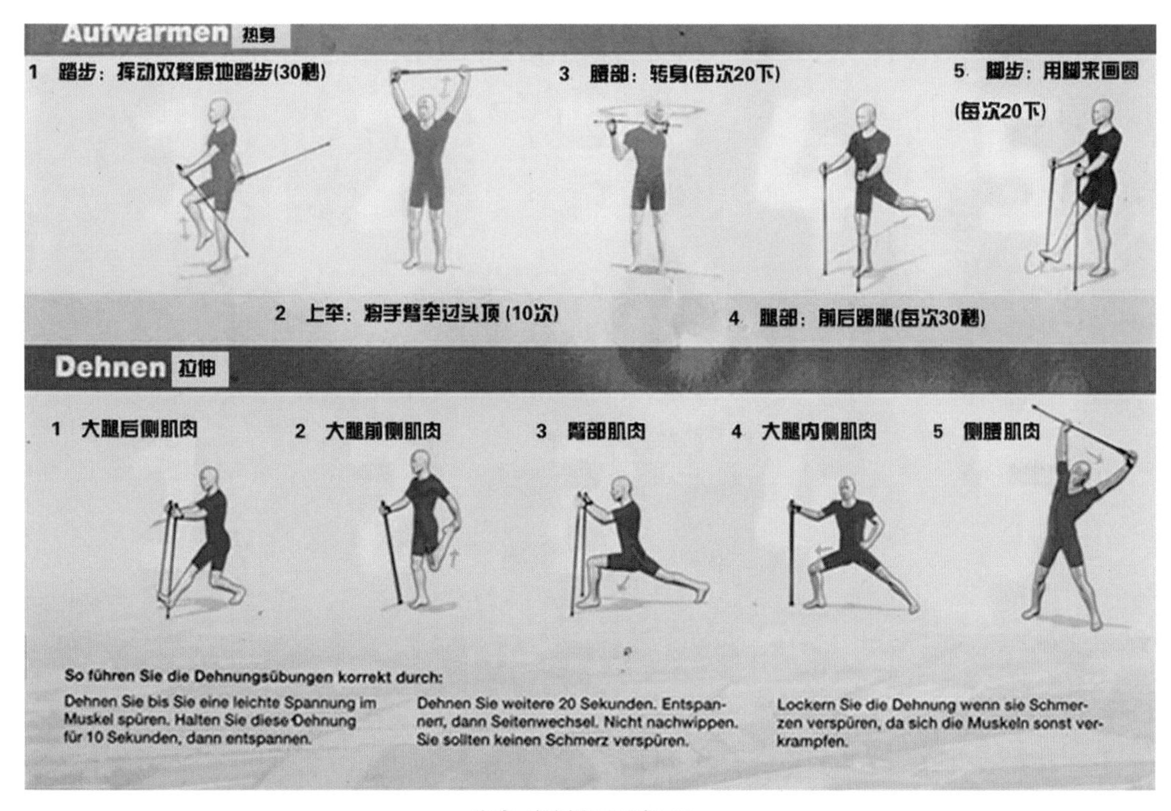

（杨鑫，张琦 摄于2019年8月）

伸展准备提示：

伸展至肌肉有点紧绷状态维持10秒钟，然后放轻松。

坚持20秒之后再放松，然后换另一侧。保持轻松拉伸的程度，不应该感到痛苦，请一定要保持你的肌肉收缩，放松伸展。

图 3-32 运动前热身指导图

④其他

在能源节约措施方面，收集雨水用来做园林绿化用水、洗衣、冲厕所等。减少硬质铺地，结合景观设置雨水收集自然渗透设施。在社区参与方面，里姆会展新城的建设遵循可持续发展模式，为人与自然的关系找到一个平衡点，居民的参与为生态社区建设注入了多样化的元素，二者互相影响，互相促进，又互相制约，为完善建设生态社区提供了更有意义的思路与方法。

第二节

城乡绿地风景园林规划设计实践①
——援埃塞俄比亚河岸绿色发展项目谢格尔公园友谊广场景观设计

一、建设背景

援埃塞俄比亚河岸绿色发展项目是中国政府重点援外项目，位于非洲海拔最高的城市——埃塞俄比亚首都亚的斯亚贝巴，作为埃塞政府重要政绩项目，于2019年正式启动。其中，谢格尔公园友谊广场（Sheger Park-Friendship Square）是该项目的重要组成部分，由中国城市建设研究院无界景观工作室承担景观设计任务。

谢格尔公园友谊广场项目场地位于亚的斯亚贝巴城市中心，占地面积约480 000 m^2。几年前，这里曾是一片贫民窟，然而在中国和埃塞俄比亚两国众多工作人员的努力下，仅用了一年半的时间，该场地就蜕变成为一座美丽、现代的城市公园，成为埃塞俄比亚政府展现对外开放的国家形象，体现“民族团结、和谐共生”的核心价值，提升民族凝聚力和国际影响力的重要场所（图3-33）。

2020年9月10日，埃塞政府在谢格尔公园友谊广场举办了埃塞俄比亚新年庆典仪式。在庆典上，萨赫勒 - 沃克·祖德（Sahle-Work Zewde）总统高度评价称，谢格尔公园友谊广场“将有助于更好地提升亚的斯亚贝巴的形象和地位，所有埃塞俄比亚人都为之感到骄傲”。阿比·艾哈迈德·阿里（Abiy Ahmed Ali）总理向中方致谢，为时任中国驻埃塞俄比亚大使谈践、公参刘峪和中国城市建设研究院谢晓英等人颁发了荣誉证书。

图 3-33 项目建成鸟瞰

二、现状分析

项目场地东侧为尼日尔（Niger）大道，紧邻总理府；南侧为泰图（Taitu）大道，临近喜来登酒店，并靠近议会，中央广场部分用地跨越泰图大道；西侧为文德迈纳赫（Wendmanah）街，北侧为温盖特将军（General Wingate）街，科尔森（Colson）街从中央广场北部穿过。

拟建场地似蝶形，整体东高西低、北高南低，东北至西南最大高差约 60 m。场地周边与城市道路相邻，蜿蜒的班克图（Bantyketu）河自北向南从场地西部流过，泰图大道和科尔森街将场地分为中心大块和南北两小块。

根据现场踏勘，拟建项目场地现状地形起伏较大，中央广场整体呈东高西低之势。班克图河属季节性河流，来水主要为雨水及两岸居民生活污水，无工业废水流入。流经场地的河道整体呈北高南低之势。水体在旱季主要为两岸居民的生活污水，水量较小，在雨季具有排洪、泄洪功能，水量很大。因污水处理体系不完善，雨污合流导致河水污染较为严重。

项目启动时，中央广场的建设用地已基本清理干净，有一座小型历史建筑和通信基站须保留；尚有部分公共和民用建筑及设施正在拆除清理中，埃塞方已承诺在项目施工前完成；留存的少量大树，已建议埃塞方予以保留和保护。班克图河西侧尚有较多的既有建筑物拟保留（图 3-34）。

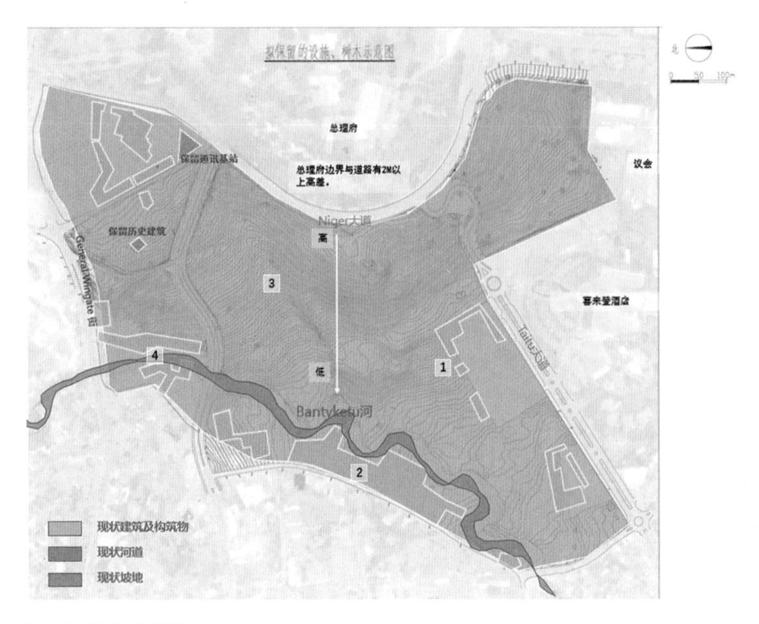

图 3–34 现状分析图

三、具有庄严的国家政治属性及埃塞民族文化特色的城市中心广场

谢格尔公园友谊广场的空间布局结构以文化礼仪轴、滨水活力带及三个花（乐）园组团为主体。其中，东西向的文化礼仪轴是项目的核心区域，是展现埃塞国家精神、具有向心力的政治文化活动场所（图 3-35），因此，在此布局中心广场等主要活动场地和景观湖，利用自东向西的现状高差，形成自国花演讲台到湖面地势逐渐降低的景观轴线，凸显政治功能上的庄严气势。

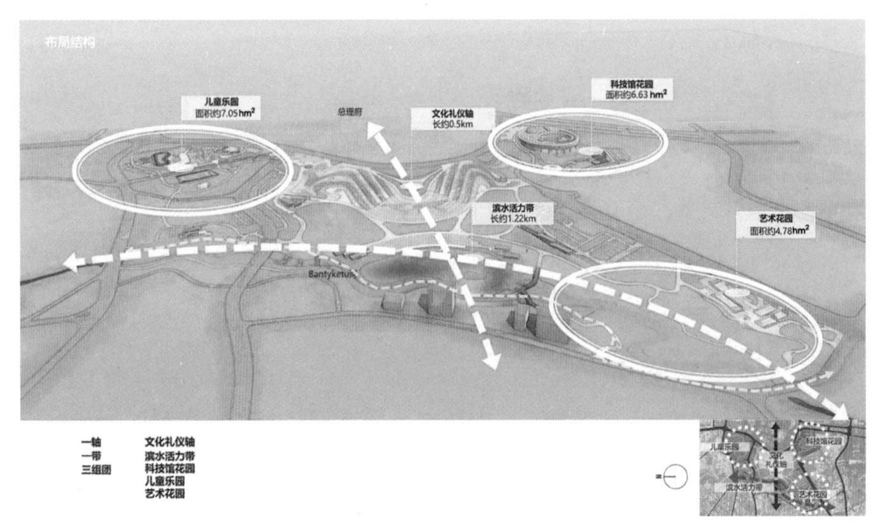

图 3–35 布局结构图

国花演讲台位于文化礼仪轴东端，形状宛如盛开的国花马蹄莲，展示埃塞历史文化的浮雕墙在演讲台后展开，形成庄重、大气的背景空间（图 3-36、图 3-37）。

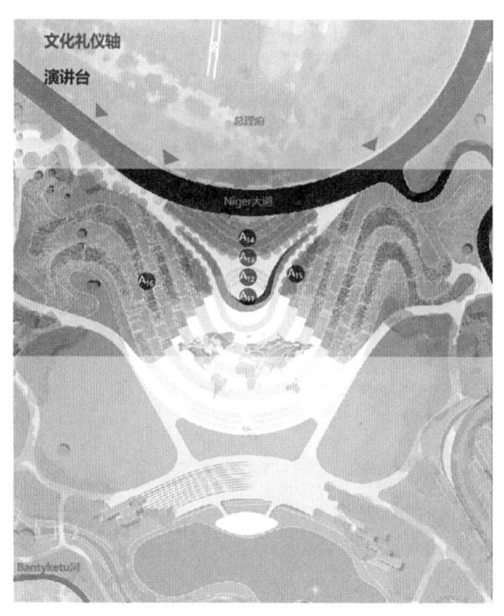

引领埃塞人民团结奋进、共创未来的重要场所

A_{11}. 国花演讲台（面积约2200㎡）
位于文化礼仪轴东端，宛如“盛开”的国花马蹄莲。

A_{12}. 民族融合台阶
部分石材取自埃塞各地，镌刻各族名称。

A_{13}. 历史文化长廊
以浮雕墙作为埃塞历史文化“展廊”。

A_{14}. 国树背景林
构成演讲台的背景。

A_{15}. 民族团结林
国花演讲台两侧种植80余棵树，象征埃塞俄比亚**民族团结至上**。

A_{16}. 腾飞花带（面积约40 000m²）
像展开的双翼，飞向**“鲜花之城”**亚的斯亚贝巴的美好明天。
国家领导人在此与民众一同**播种希望**。

图 3-36 演讲台平面图

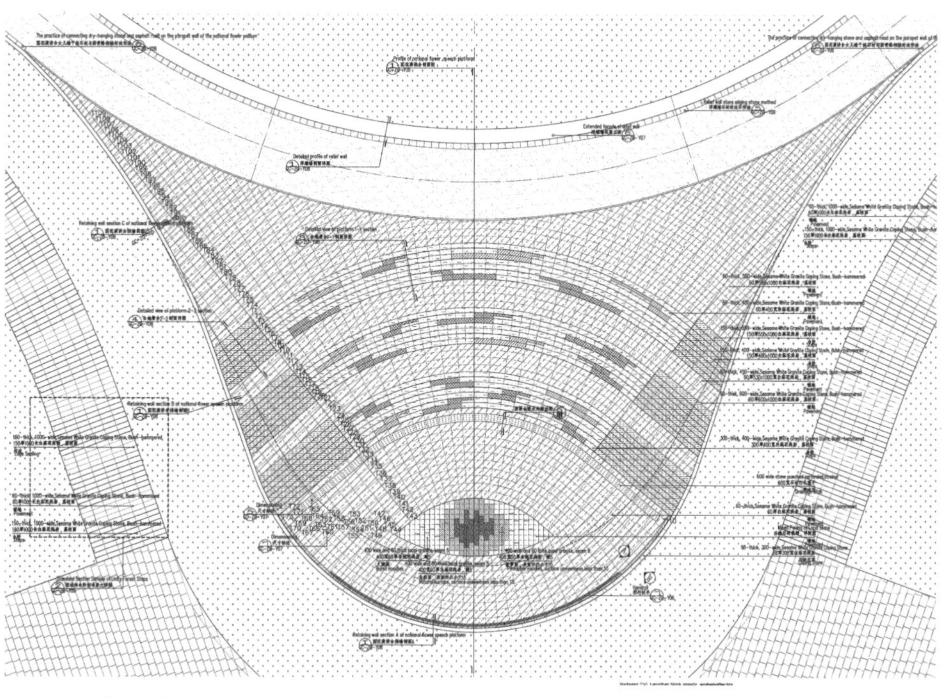

图 3-37 演讲台铺装施工图 · 扫描本书封底二维码，公众号后台发送“风景园林”，获取高清大图

中心广场地面镶嵌世界地图，记录以埃塞俄比亚为祖先发源地的人类的迁徙路线，凸显埃塞的民族骄傲。广场西部的音乐灯光旱喷泉，展示了具有非洲代表性的埃塞音乐文化。中心广场两侧的彩色花带，具有非洲草原风光的象征意义，仿佛展开的双翼，寓意飞向“鲜花之城”亚的斯亚贝巴的美好明天（图 3-38 ～图 3-41）。

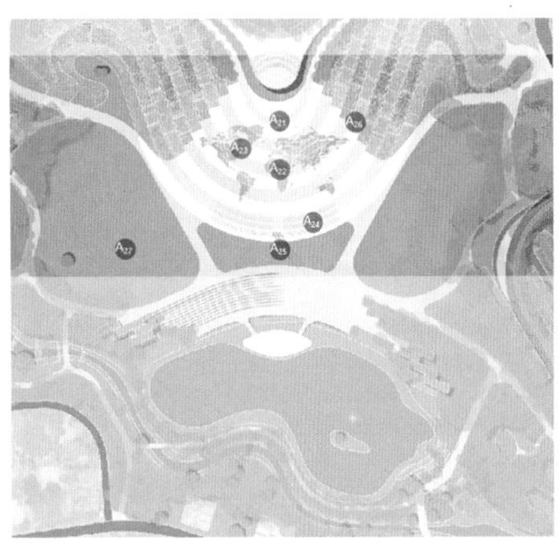

图 3-38 中心广场平面图

图 3-39 中心广场效果图

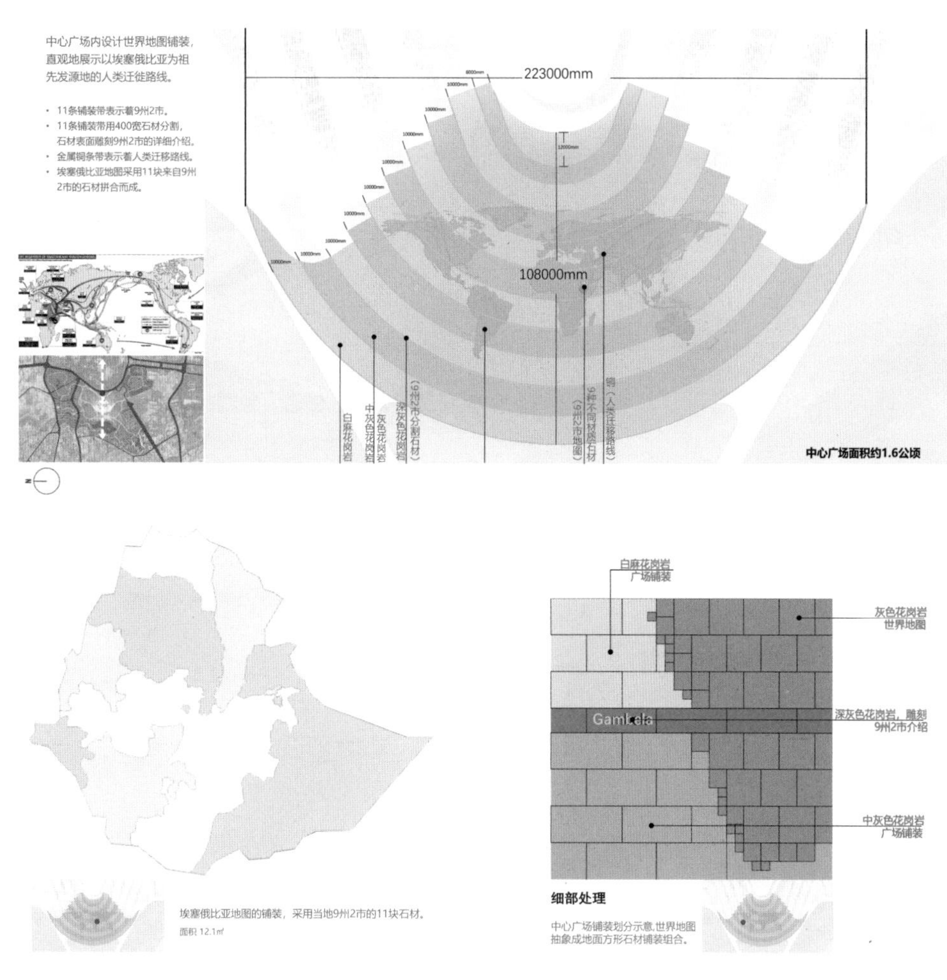

图 3-40 中心广场铺装设计

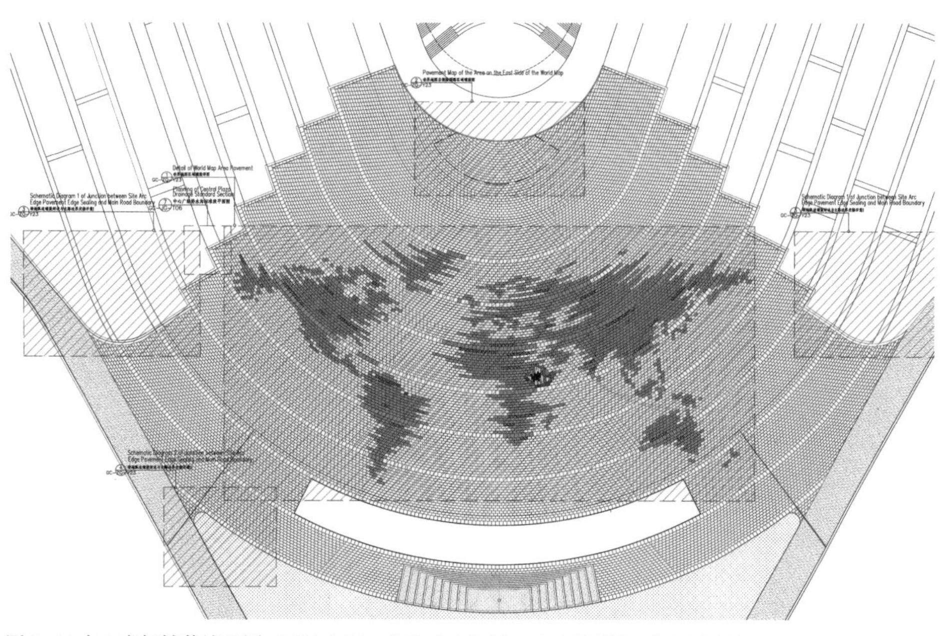

图 3-41 中心广场铺装施工图 · 扫描本书封底二维码，公众号后台发送“风景园林”，获取高清大图

景观人工湖位于文化礼仪轴与滨水活力带交会处，面积约 14 000 m^2，保留原有的场地标高以节约造价成本，兼具调蓄雨水、景观灌溉等功能。湖中心设水上舞台及大型喷泉，象征了埃塞民族的融合汇聚、奋发向上（图 3-42 ～图 3-45）。

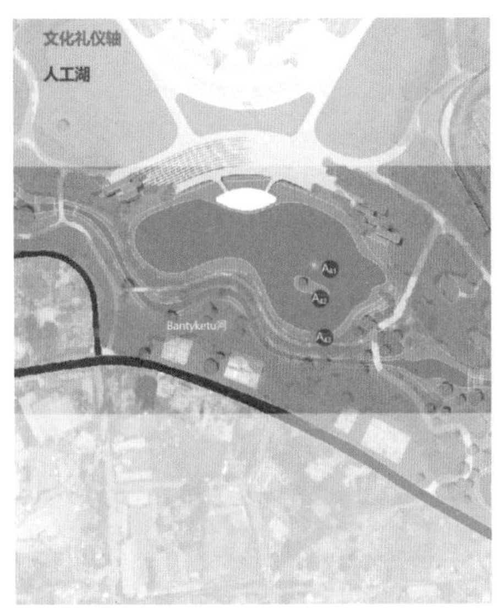

图 3–42 景观人工湖平面图

图 3–43 湖畔音乐喷泉广场效果图

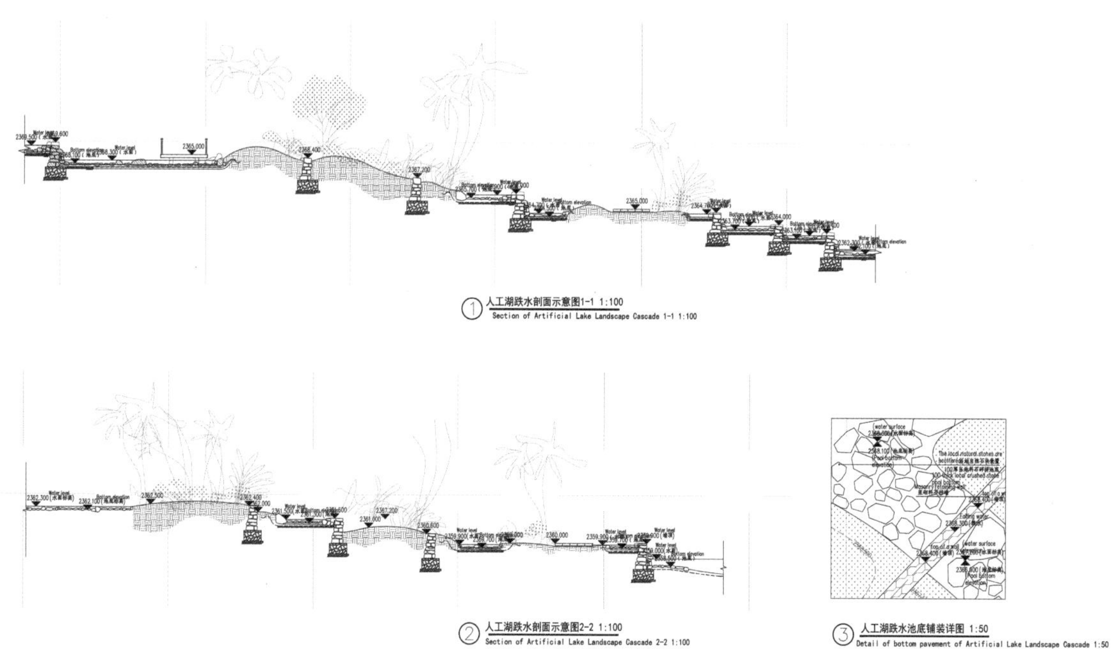

图 3-44 景观人工湖剖面施工图 · 扫描本书封底二维码，公众号后台发送“风景园林”，获取高清大图

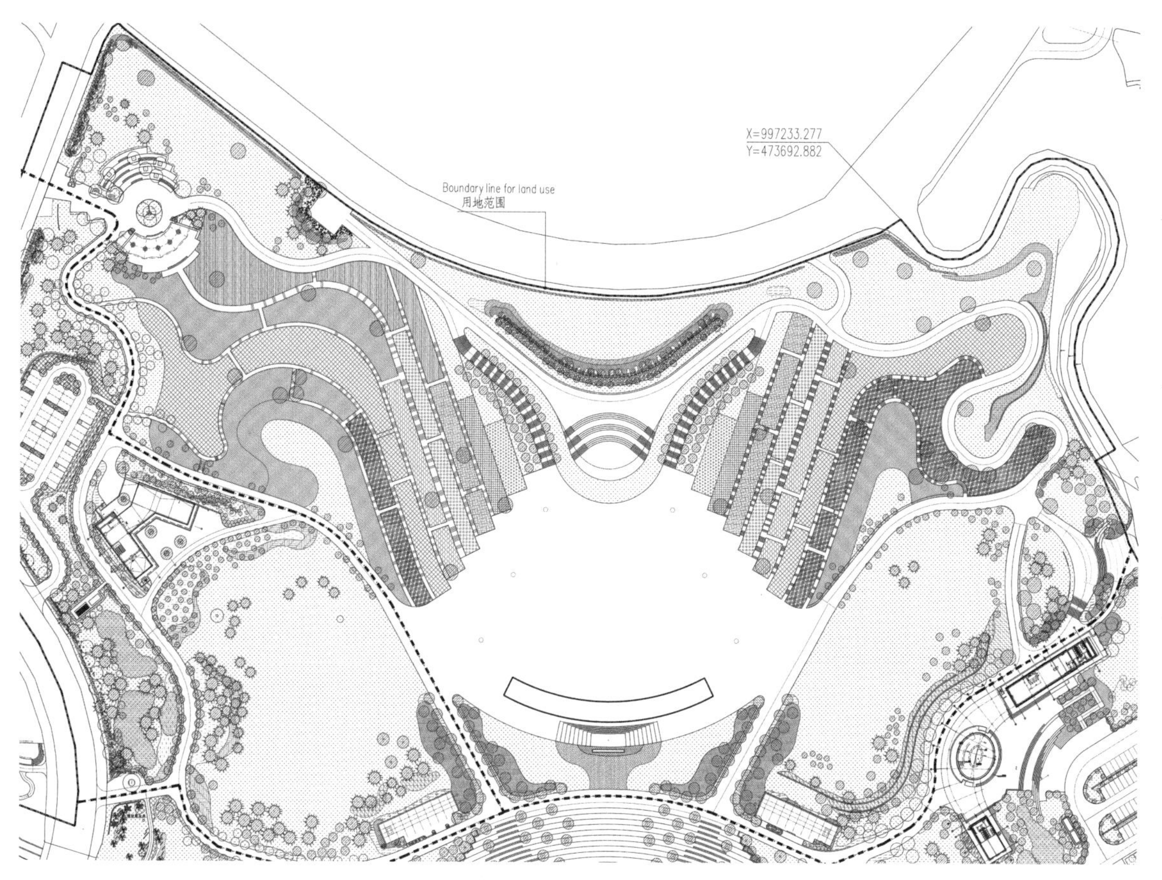

图 3-45 植物种植施工图 · 扫描本书封底二维码，公众号后台发送“风景园林”，获取高清大图

四、具有休闲娱乐功能和参与互动功能，激发城市活力的城市中央公园

沿南北向的班克图河道布置滨水活力带，在统筹考虑河道治理工程的基础上修建滨河绿道，将风景融入市民日常生活，以水清、岸绿、景美、人怡为目标，兼顾水利安全、水质改善、景观营造与休闲旅游体验（图 3-46、图 3-47）。

公园的南北两端为儿童乐园（图 3-48 ～图 3-51）、科技馆花园（图 3-52、图 3-53）及艺术花园（图 3-54、图 3-55）三个组团，是满足市民休闲、健身、科普、娱乐等需求的公共空间。场地内设置各种不同尺度的多功能花园，可作为户外婚礼的场所，也可在此组织丰富的文化艺术、民间社团活动。

遍布公园的广场、舞台、喷泉、花园、绿道等弹性公共空间，在满足政治与外交功能的同时，为普通市民和游客营造白天、夜晚不间断的欢乐场景。空间场地及配套服务设施的建设和运营增加了城市就业机会，带动了消费，助力了城市旅游业和相关产业发展。

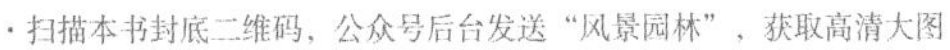

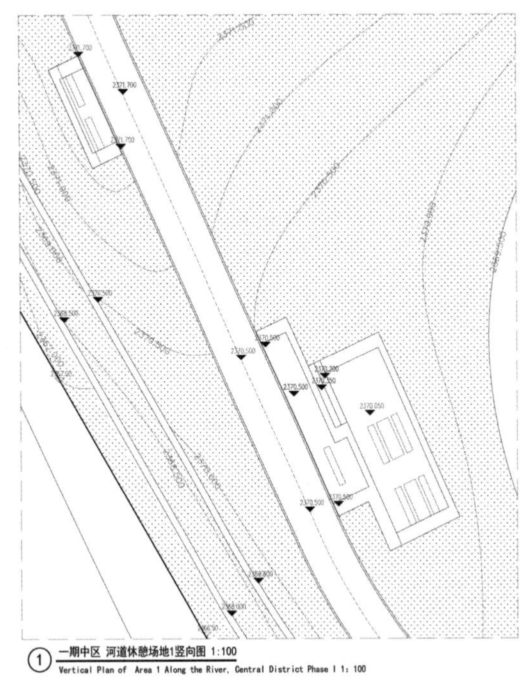

图 3-46 河道休闲场地竖向施工图

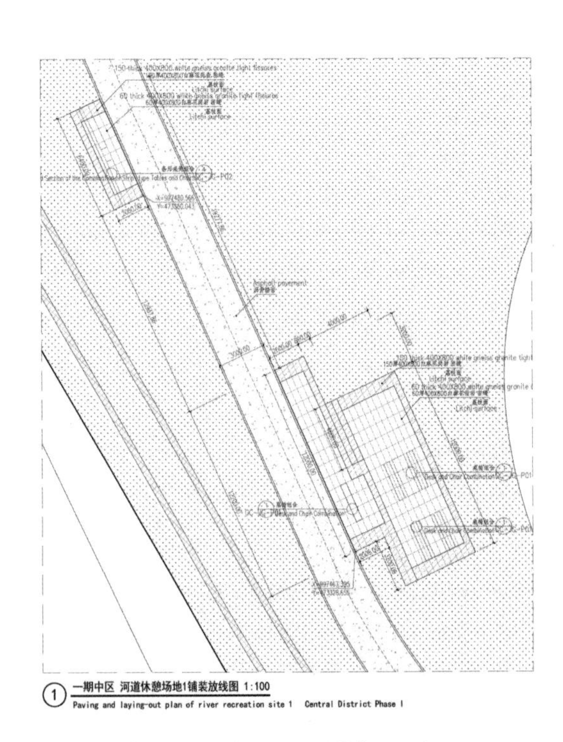

图 3-47 河道休闲场地铺装施工图（单位：mm）

图 3-48 儿童乐园平面图

图 3-49 儿童乐园效果图

图 3-50 儿童乐园俯瞰效果

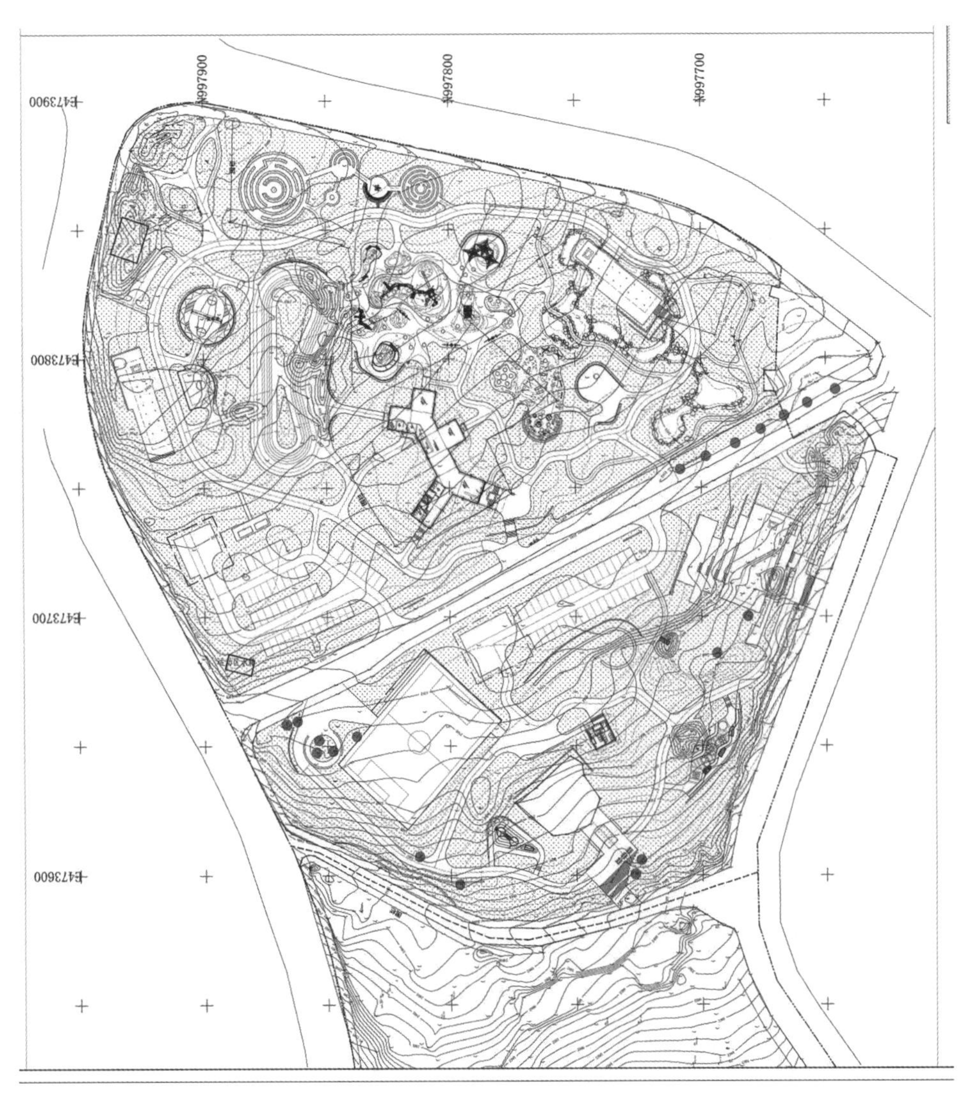

图 3-51 儿童乐园施工详图

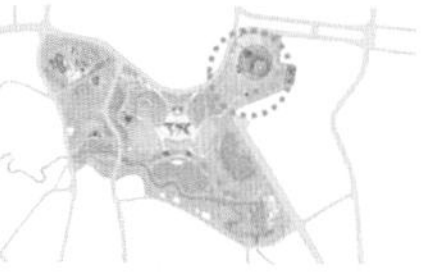

图 3-52 科技宫平面图

图 3-53 科技宫效果图

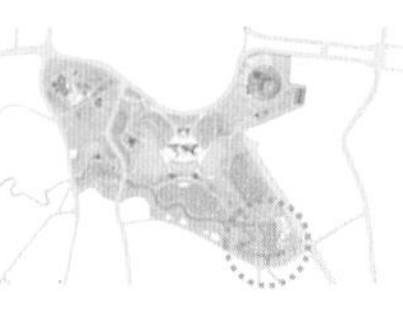

图 3–54 艺术花园平面图

图 3–55 艺术花园效果图

五、因地制宜、节约高效，共建共享可持续发展的城市绿心

谢格尔公园友谊广场景观设计遵循绿色发展理念，在建筑工艺、建筑材料和园林植物的选用上尊重当地特色。同时，公园的建设也向埃塞成功传递了中国的园林文化、传统技艺、科技创新技术与材料产品，成为“中国设计走出国门”、中国和埃塞两国合作共赢的成功实践。

设计团队充分利用场地施工中开挖出的自然石块及建筑废弃材料进行挡墙及其基础、景观排水沟、景观叠水的砌筑和造景，减少土石方外运量，本着经济、实用、高效的原则，实现建设节约型园林的目标（图 3-56、图 3-57）。

图 3-56 材料循环利用

图 3-57 使用废弃材料

六、实施效果

谢格尔公园友谊广场不仅是国家领导与普通百姓共同参与、民心相系的场所，还是中国和埃塞国际民间交往的媒介，体现了“一带一路”民心相通的美好愿景，为两国进一步的民间文化交流与贸易往来搭建了平台与基础（图 3-58 ～图 3-63）。

图 3–58 夜景效果

图 3–59 历史文化浮雕墙

图 3-60 景观人工湖

图 3-61 景观湖和叠水

图 3-62 沿河石笼挡墙

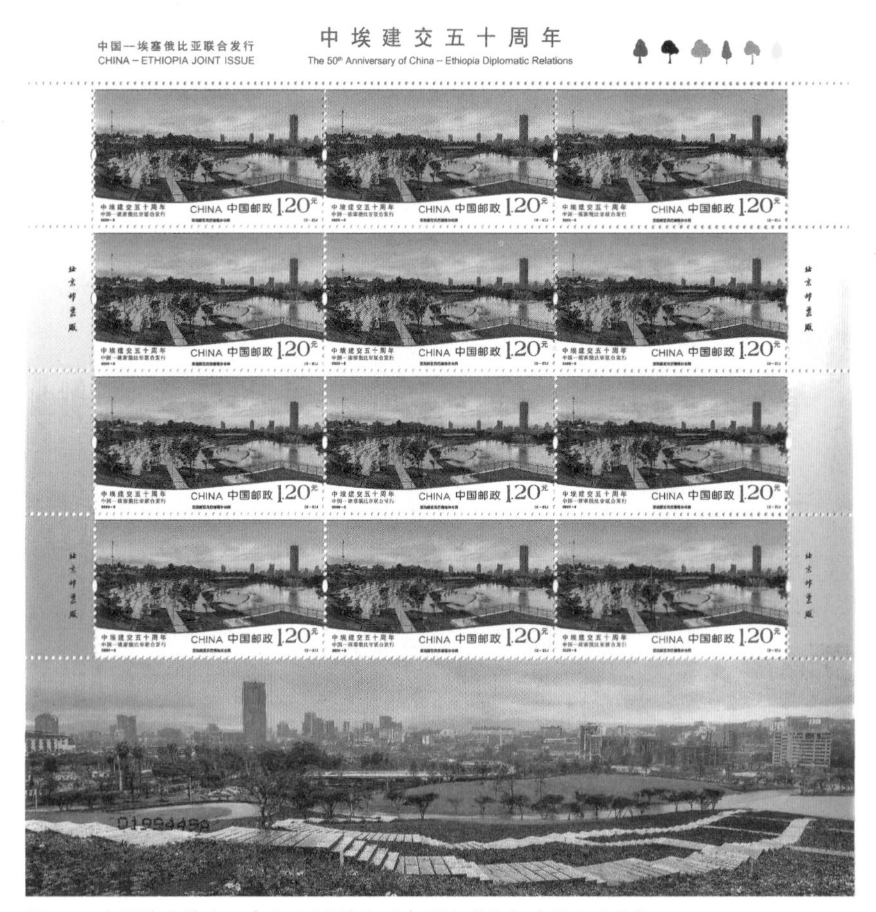

图 3-63 中国埃塞俄比亚建交五十周年纪念邮票之谢格尔公园友谊广场

第三节

城乡绿地风景园林规划设计实践②
——唐山凤凰山公园扩建及改造工程

一、唐山凤凰山公园的建设背景

项目位于河北省东部的唐山市。唐山市毗邻京津地区，是以能源丰富而闻名的工业城市，也是中国评剧的发源地，市民爽直、勇敢、随缘、幽默、爱玩且重视体育锻炼。这些都赋予了唐山在公共生活方面不同于其他城市的独特内涵。

图 3-64 项目区位情况

A. 通往机场的绿色走廊
B. 动植物园
C. 南湖公园

建于 1952 年的唐山市凤凰山公园位于市中心，是该市最早的公园，占地面积约 370 000 m^2，是唐山市民重要的社会活动场所。但由于年长日久及时代变迁，老公园正在逐渐失去活力，但依旧可以体会到市民对公园的感情以及其在城市中的重要性。公园的改造设计旨在将坐落在公园内的唐山市博物馆、周边的民俗博物馆、大成山公园、体育馆、学校、干部活动中心、居住区、景观大道、图书馆、医院等城市资源和社会生活结合起来，成为城市的有机体（图 3-64）。

二、扩建及改造地块的现状分析

地块内和周围分布的博物馆、公园、体育馆等设施是不可多得的文化艺术资源，地块作为唐山市中心的城市公共绿地，要与即将改建的市级博物馆和周边的文化资源结合起来，通过景观设计强调这里是具有文化艺术氛围的开放性空间，为城市的艺术文化活动提供场地，提高市民艺术文化和休闲生活的品质，激发城市活力（图 3-65）。

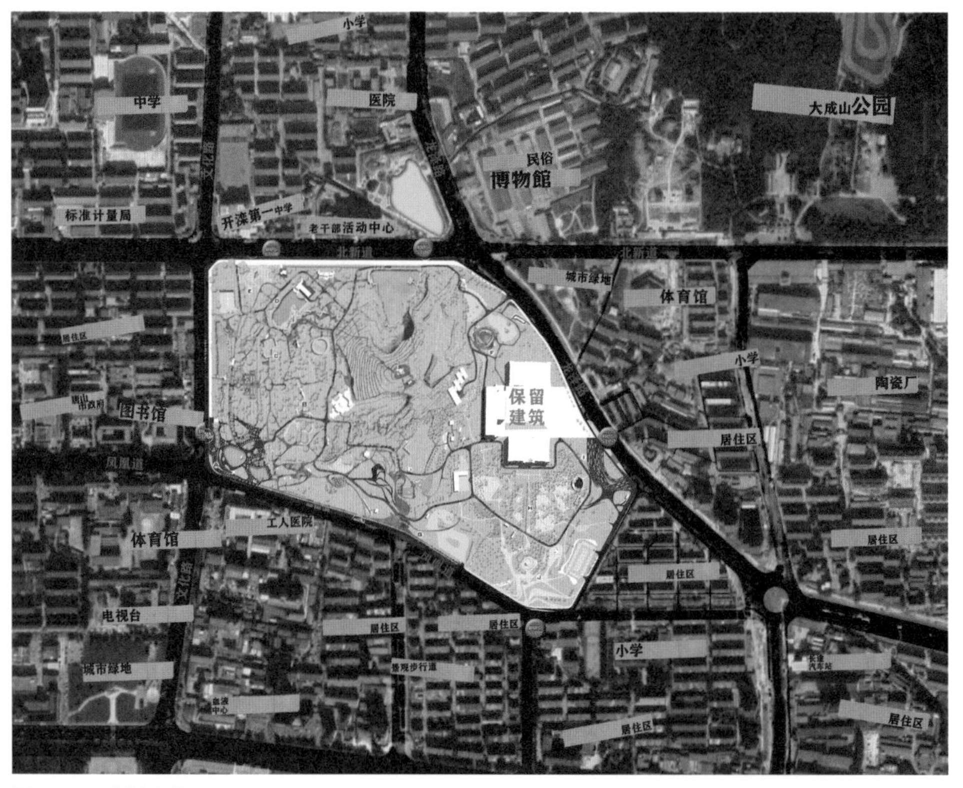

图 3–65 地块周边情况

三、以“穿行”理念激发城市活力

凤凰山公园地块是唐山绿地系统规划的一个重要节点，拥有较好的现状植被条件和优越的地理位置，有着良好的市民基础与被给予的城市热情。这里将成为展开城市生活的一个绿色大厅。在唐山市的绿地系统中，凤凰山公园应该具有一定的特色与可识别性，希望通过改造设计逐步激发整个地块的活力与能量，最终使凤凰山公园成为一个具有艺术文化氛围的城市活力标志（图 3-66）。

图 3-66 设计总体定位

地块镶嵌在城市中，留下了大量历史建筑与大片树林，以及凤凰山。地块被穿行的路径打破，将公园和社会、城市、市民的生活联系在一起，并向城市开放，被路径激活的点开始出现并产生活力（图 3-67）。

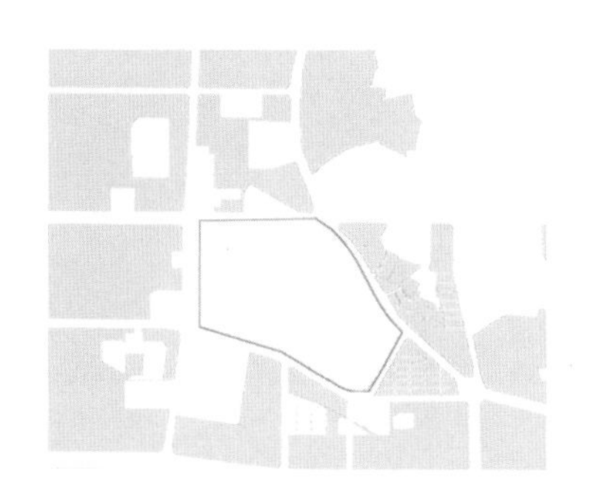

镶嵌在城市中的地块

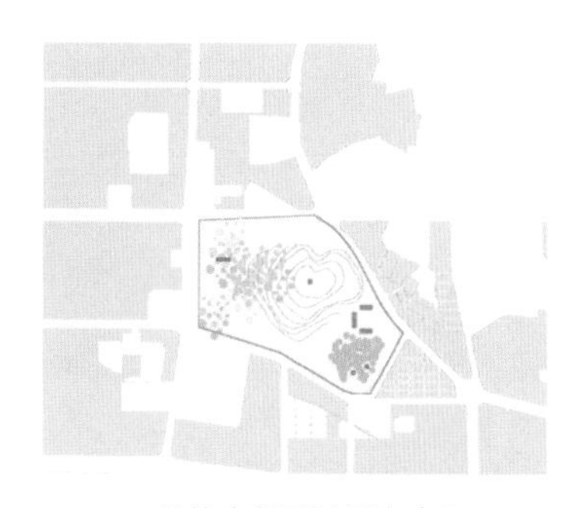

地块中留下的历史建筑、大片树林和凤凰山

地块被穿行的路径打破，将公园和社会、城市、市民的生活联系在一起，并向城市开放

被路径激活的点开始出现，并产生活力

图 3-67 地块设计构思分析

公园以“穿行”作为设计概念，将公园边界向城市打开，穿越公园的路径将风景编织进市民的生活，公园与城市和社会生活紧密联系。“穿行”丰富和扩展了公园的功能，使公园不再是一个传统意义上的“园”，而是融于城市中的一段段美好的生活体验（图 3-68）。设计提倡市民步行或骑自行车穿越公园，到达城市的各个角落，同时使公园拥有更多的鼓励交往、令人愉悦的公共空间，使公园生活成为市民日常生活的一部分。

图 3-68 公园改建效果图

老公园承载了大量的历史文化信息，因此保留了有价值的活动场所及雕塑，并进行改造，同时根据已有活动的需要增加场地的舒适度，使人们更加愿意驻足观赏和停留。重要的历史片段被保留并与新的场景相互叠加，使历史得到延续和发展。园内一些富有现代气息的设计则可为人们带来新鲜感，引发艺术、文化等新的活动发生。

公园注重运用生态设计手段。种植设计保留了园内植被，同时遵循“适地适树”和生物多样性原则，选择树种地点；增加宿根地被花卉、观赏草等节水、易养护植物；水景设计注重节约水资源及循环利用，并采用景观生态措施进行水质处理与净化；铺装及构筑物材料选择了透气、透水和可回收材料，减轻环境负担。

设计以“穿行”打破了城市区隔，以共享推动融合。人们能穿过公园到周边的任何一处，公园的道路成了不受机动车威胁的最为安全的道路，而人们则在穿行中体验着不期而遇的种种惊喜。道路在公园中纵横交错，富于变化的景观就此参与了穿行者的活动。可供“穿行”的公园是一个开放空间，鼓励多种活动同时展开，提供利于交往的空间，成为周边居民日常生活的扩展与延伸。设计考虑了环境对穿行者的心理影响，体现了功能设计中的非功利性。设计以“整体的连续美丽”给予穿行者潜移默化的影响，这样一种快乐、健康、环保的生活方式，有利于缓解、释放压力，促进社会的和谐。不同的使用者在不同的时间里为了不同的目的来到或穿越公园，将公园作为他们的公共庭院，并由此逐渐培养起对这一公共设施的责任感。

四、扩建与改造设计过程

公园道路是体现设计理念的重要元素，改造以雕塑的手法将道路、地形、植被、休憩设施结合起来，形成新颖、好玩的活动空间，让人们享受穿行带来的乐趣，这些活动场所还激发了市民的热情和创造力。公园的改造设计拆除了原有围墙，使边界向城市打开，将大门改造为广场，利用水景将凤凰山的景致引入广场，成为公园的入口标志。改造后的公园已经成为唐山市的新名片（图 3-69、图 3-70）。

设计改造重点关注对场地内植物设计的构想。植物是创造美丽场景和片段的重要工具，同时也是参与组织空间的元素之一。设计者希望整个地块大部分都在阔叶树林下——春天有跳跃在枝间的嫩绿，夏天有宜人的树荫，秋天有飘飘洒

图 3-69 总平面图

图 3-70 总平面施工图

洒的落叶，冬季有富有韵律的枝条，这些是公园的基调与背景，也希望在美丽的基调上能出现几个更为精致的片段，成为几条美丽的路径，为人们提供色彩斑斓的场景印象（图 3-71、图 3-72）。

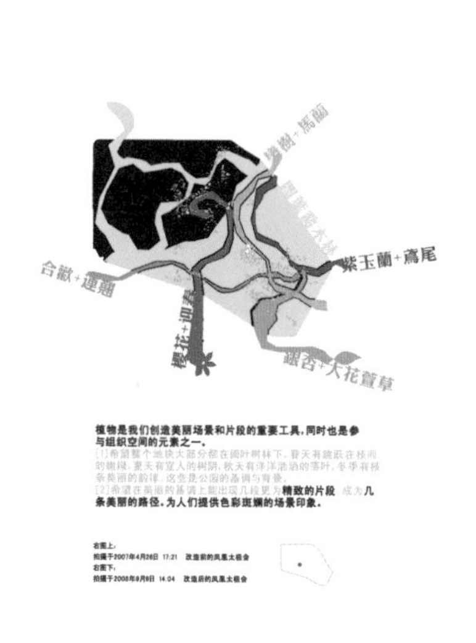

图 3-71 植物设计构想

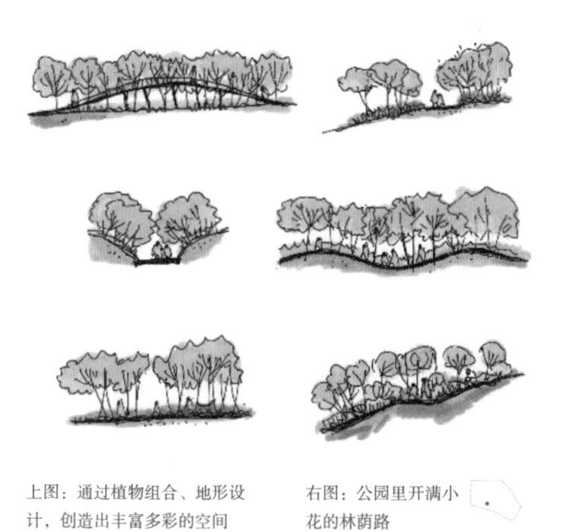

图 3-72 植物设计剖面及实景

公园西南门区域延续了对“穿行”这一概念的思考，通过对场地现状进行详细推敲，让人们更便捷地经过这里，提高场地的利用率。对于城市而言，这里应该是一个能够激发城市活力的市民广场，是整个公园的优美前奏（图 3-73）。为了加强城市与园区的联系，设计将原来长条形的广场向两侧拓展，加大广场空间与城市的接触面。原来的广场上可以看到的山顶景观透景线被保留了下来，并进一步被改造、美化，成为广场上一幅动人的画面。一处可以有多种表情的水景被引入广场中，加强了空间的戏剧性，并成为空间的焦点。

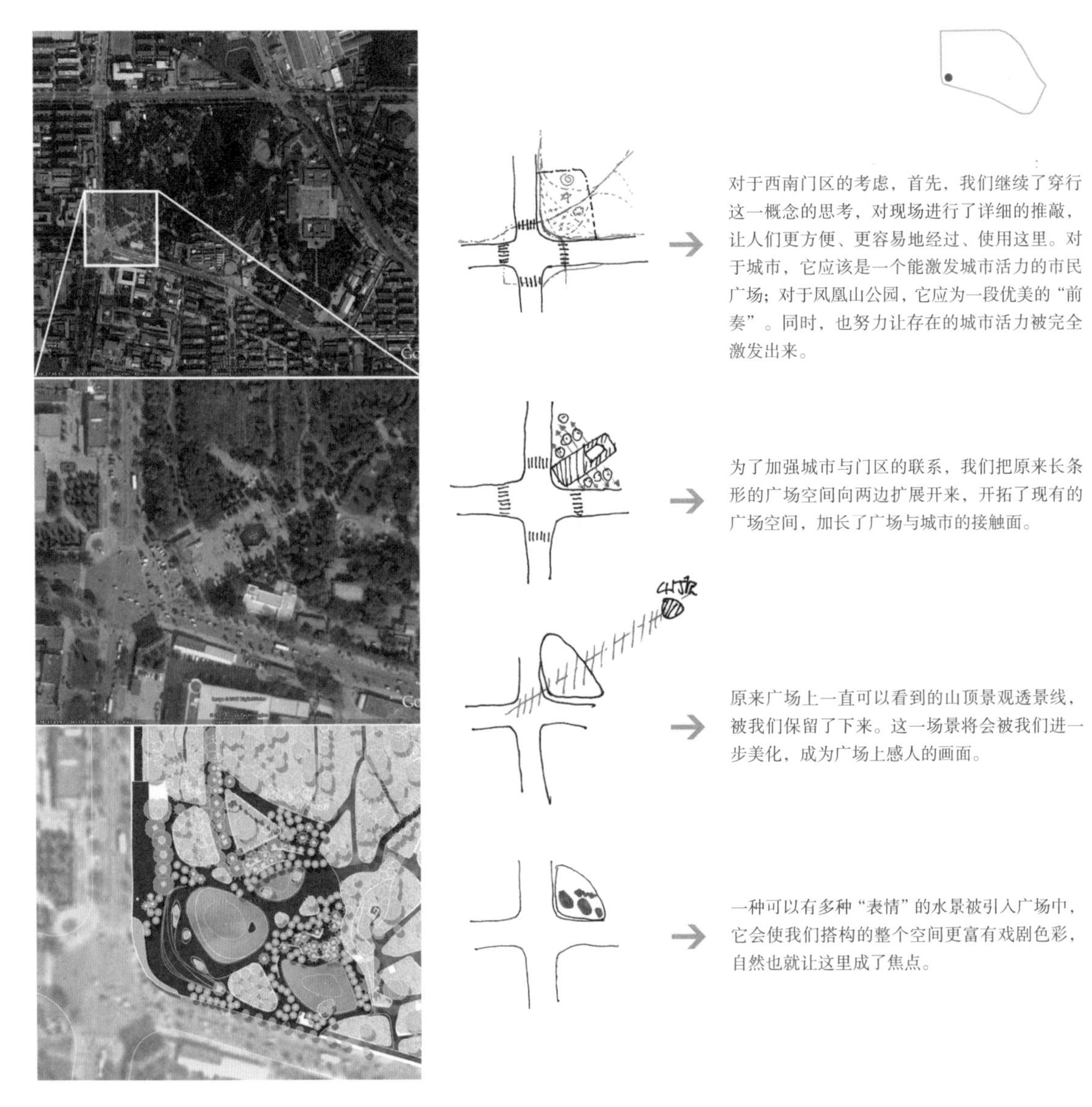

图 3–73 公园西南门广场设计构思

通过对西南门广场中数个水池的控制（水池的开启与关闭，池中喷泉、雾喷泉的开启与关闭），西南门广场在不同的时间拥有或感人，或快乐，或优美的环境氛围，加上人们在广场上各种各样的活动，这里时刻都会出现一些美好、吸

引人的变化，就像一张张城市面孔，表情各异，充满魅力（图 3-74、图 3-75）。

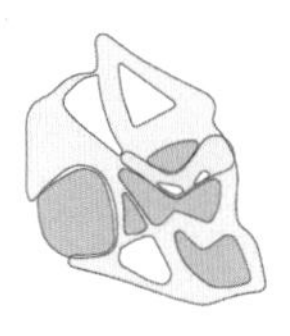
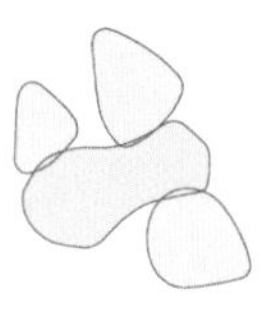
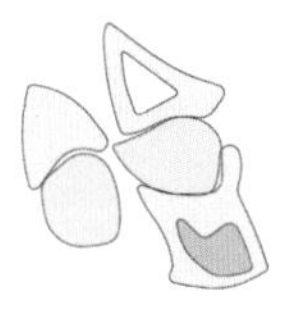
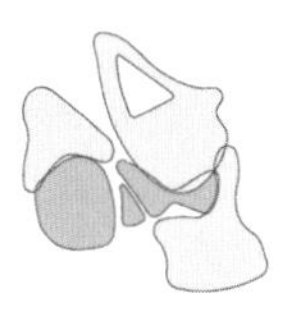
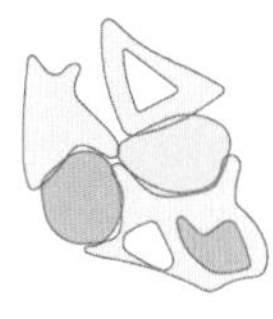

适合较大型活动的场地　舒适宜人的林下空间　变化丰富的水　门区广场中三大主要元素空间变化示意图

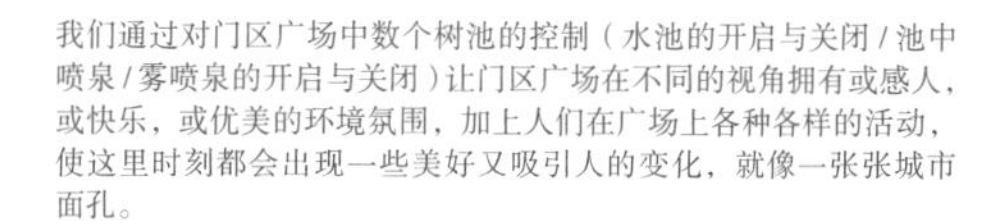

结合现状植物补种的高大乔木，形成门区广场上可以产生大片浓荫的绿色屋顶。

时有时无，时而欢乐、时而浪漫的水景是广场中神奇的魔术师，它为广场提供了多变的表情。

舒适、优美的林下座椅是人们享受美景，结识朋友的“居家沙发”。

无论水池、广场、道路、阶梯，都运用了同样的石材，加强了门区的整体感。

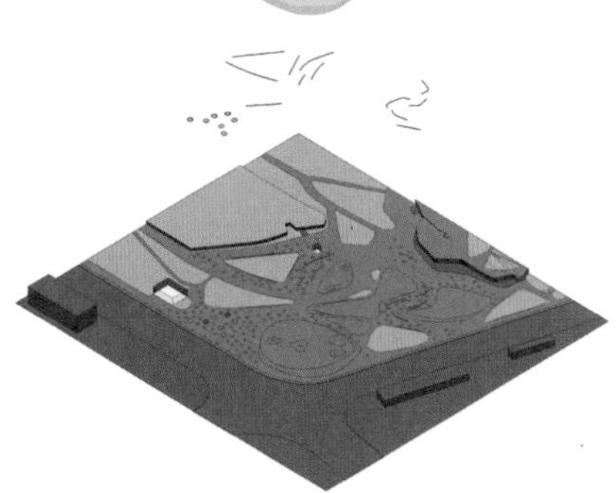

图 3-74 公园西南门广场水景构思

图 3-75 公园入口水景

在绿野仙踪景点，设计完全保留了场地内的小火车轨道基础，并直接用舒适的防腐木材打造有趣的连续曲面，随着场地内小火车轨道的肌理进行铺装，形成可循环的体验与视觉感受，以及变化丰富的线性空间（图 3-76 ～图 3-82）。希望人们在这里可以重温那些曾经的欢乐回忆。

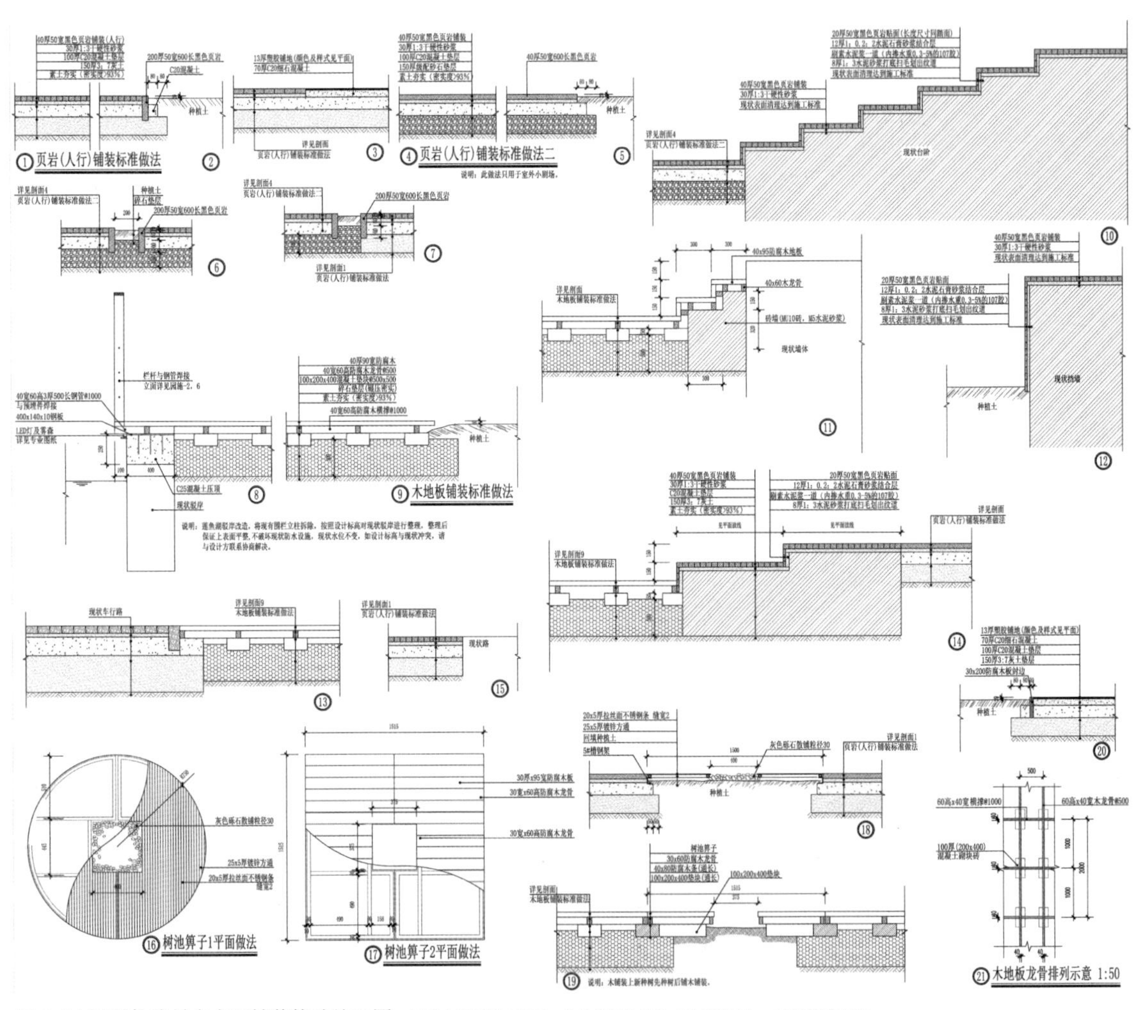

图 3-76 绿野仙踪景点主要铺装构造施工图 · 扫描本书封底二维码，公众号后台发送“风景园林”，获取高清大图

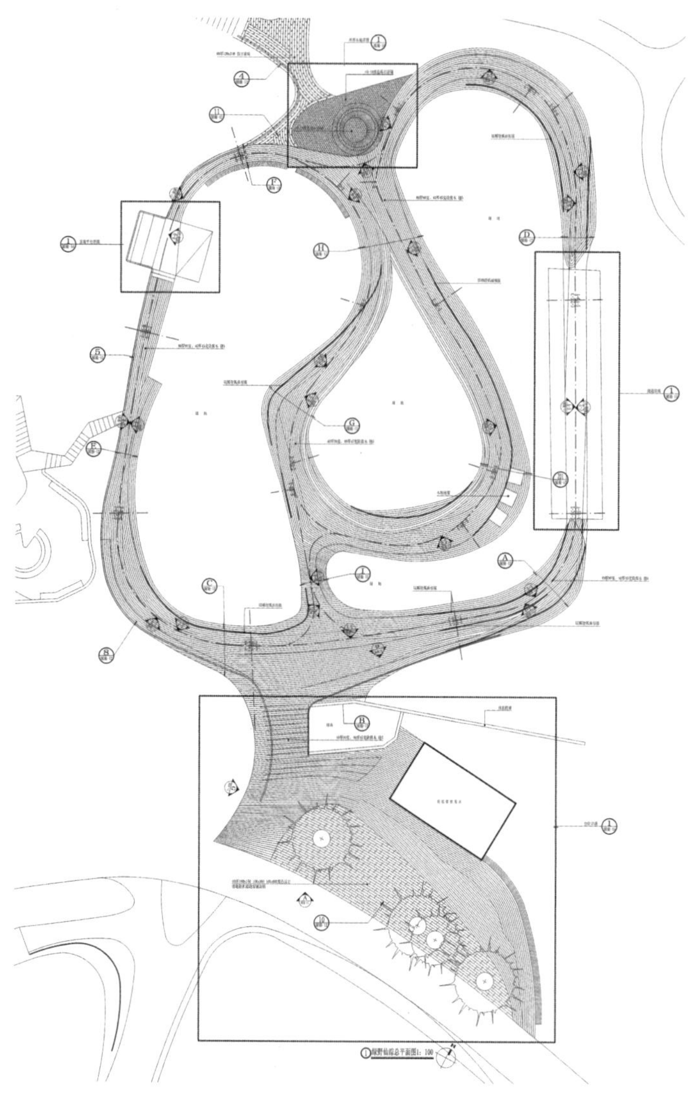

图 3-77 绿野仙踪景点总平面施工图 · 扫描本书封底二维码，公众号后台发送“风景园林”，获取高清大图

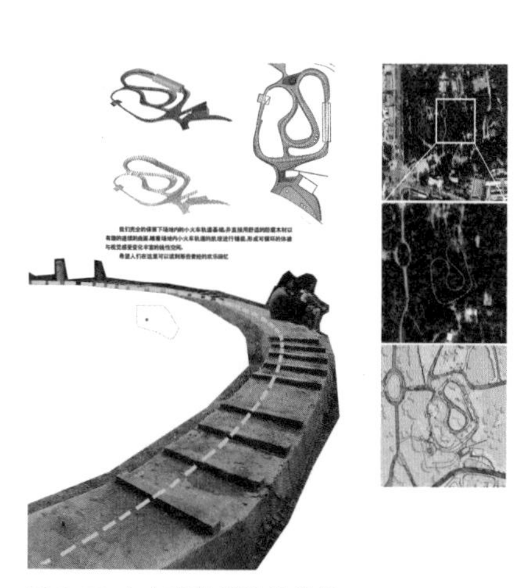

图 3-78 小火车轨道改造构思

图 3-79 改造前后的观景台

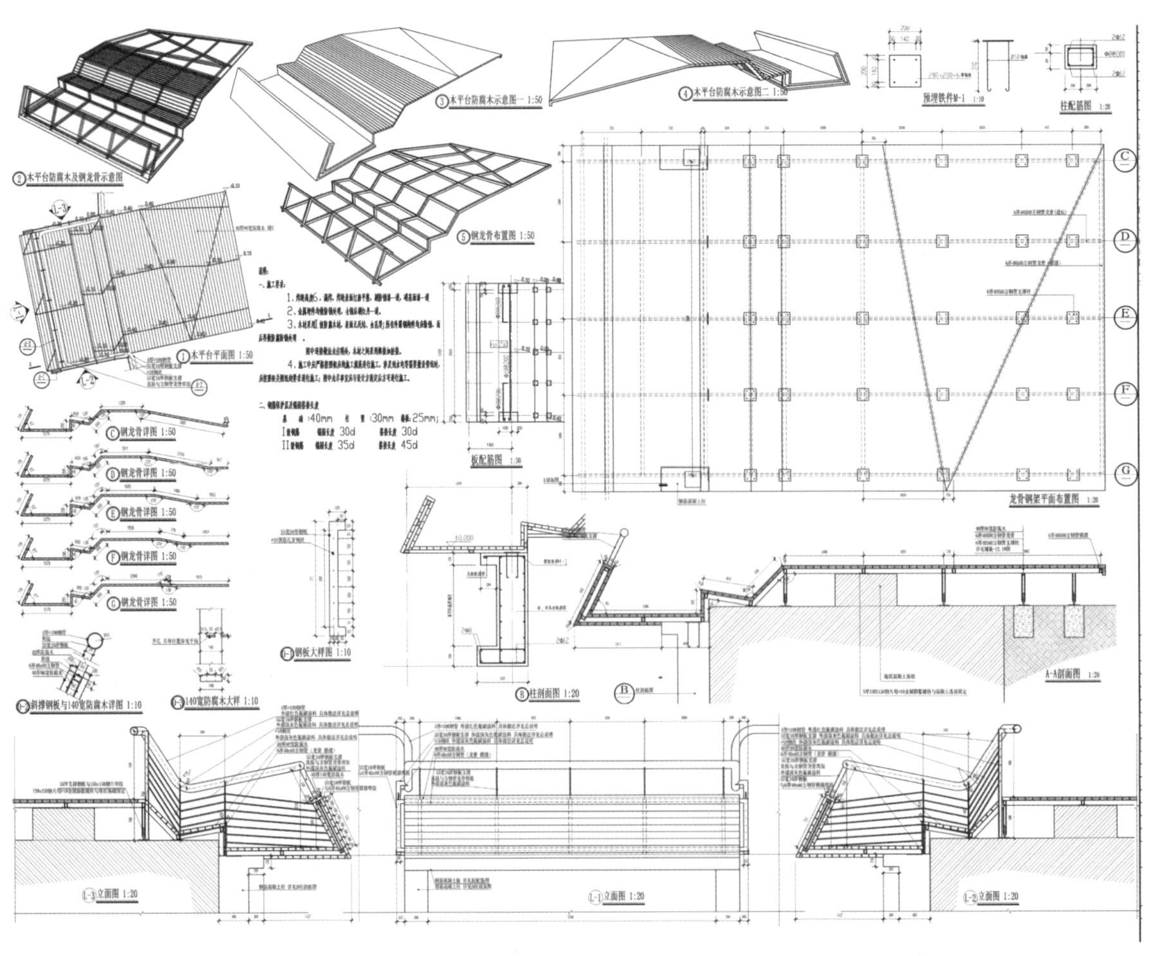

图 3-80 观景台施工详图 · 扫描本书封底二维码，公众号后台发送“风景园林”，获取高清大图

图 3-81 改造前后的休息空间

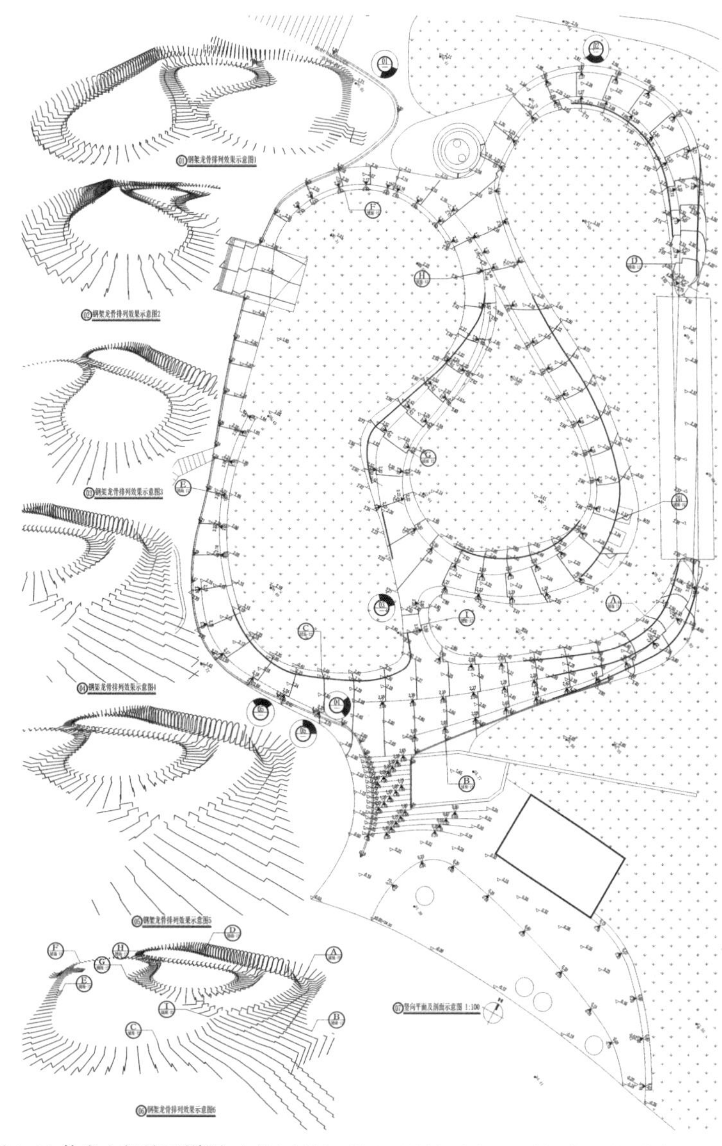

图 3-82 休息空间施工详图 · 扫描本书封底二维码、公众号后台发送“风景园林”，获取高清大图

听雨廊桥景点利用现状洼地设计成多功能场地，竹林围合的空地可作为露天茶座和临时展场使用，兼作存放活动桌椅和多媒体设备之用，其中的服务设施售卖冷热饮（图 3-83、图 3-84）。

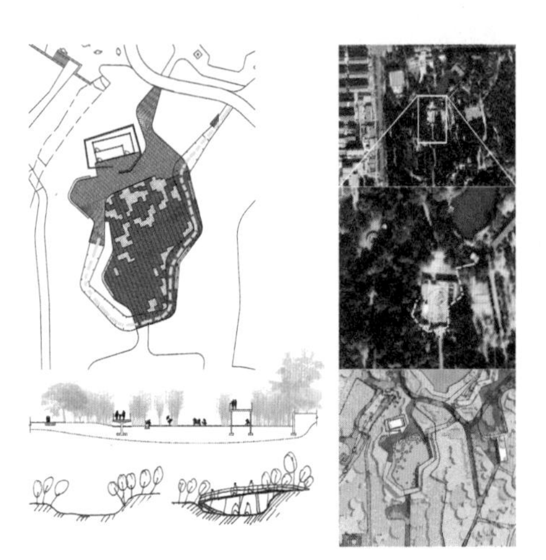

图 3-83 听雨廊桥改造设计构思

图 3-84 不同季节的听雨廊桥空间

凤凰舞会景点保留了场地中弧形的廊架，并在旧廊架镜像的位置新建了弧形的廊架。新旧两个廊架围合成了枣核状的半开放场地，廊架的阴影与周围高大的杨树影在场地中交错，这里即将成为让人们迈开舞步的场所（图 3-85）。

莲鱼湖游人密集，设计将湖面周边的场地进行了整合，在湖中补种适量的荷花，使湖区成为舒适、优美、更吸引人的场所。曲线形长廊为人们提供了舒适的休息场地，长廊延伸到远处的秋景花园中，一个个由口袋形椅围合的小空间可供开展多种规模的活动（图 3-86 ～图 3-92）。

图 3-85 改造前后的凤凰舞会

图 3-86 莲鱼湖改造设计

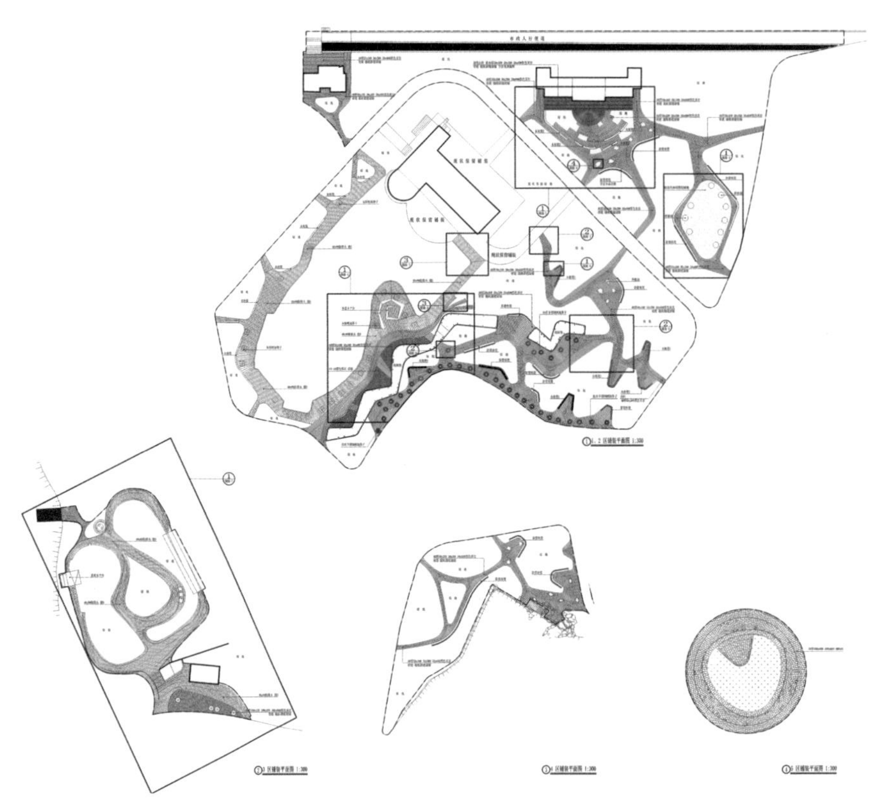

图 3-87 凤凰舞会、莲鱼湖等景点铺装详图及索引施工图 · 扫描本书封底二维码，公众号后台发送“风景园林”，获取高清大图

图 3-88 凤凰舞会、莲鱼湖等景点乔木种植施工图 · 扫描本书封底二维码，公众号后台发送“风景园林”，获取高清大图

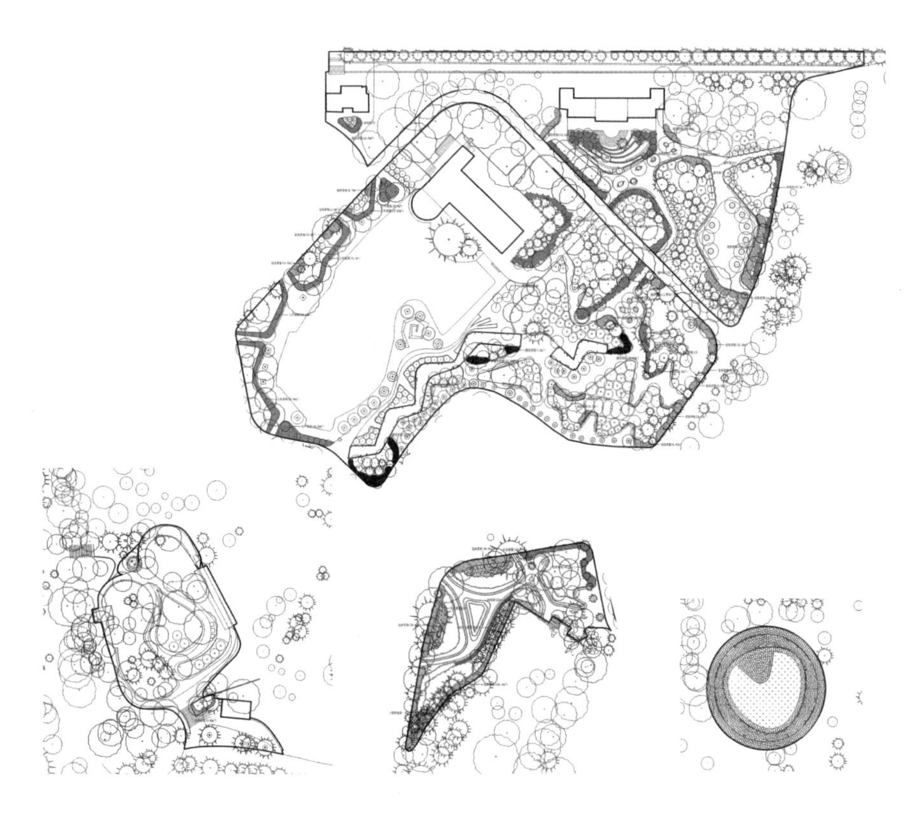

图 3-89 凤凰舞会、莲鱼湖等景点灌木种植施工图 · 扫描本书封底二维码，公众号后台发送“风景园林”，获取高清大图

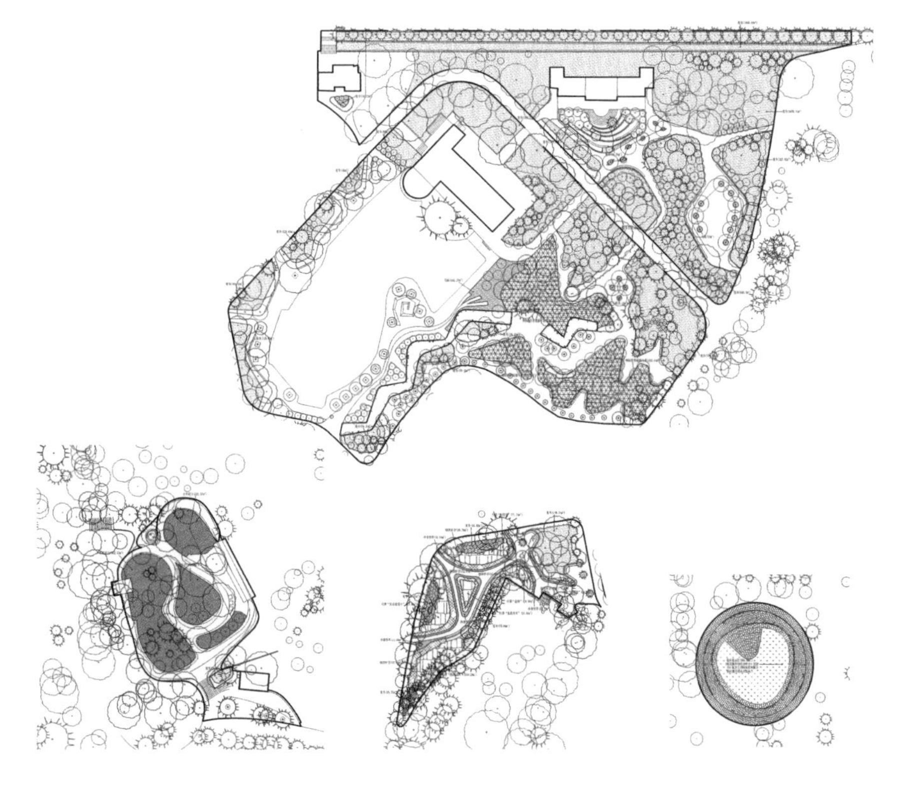

图 3-90 凤凰舞会、莲鱼湖等景点地被种植施工图 · 扫描本书封底二维码，公众号后台发送“风景园林”，获取高清大图

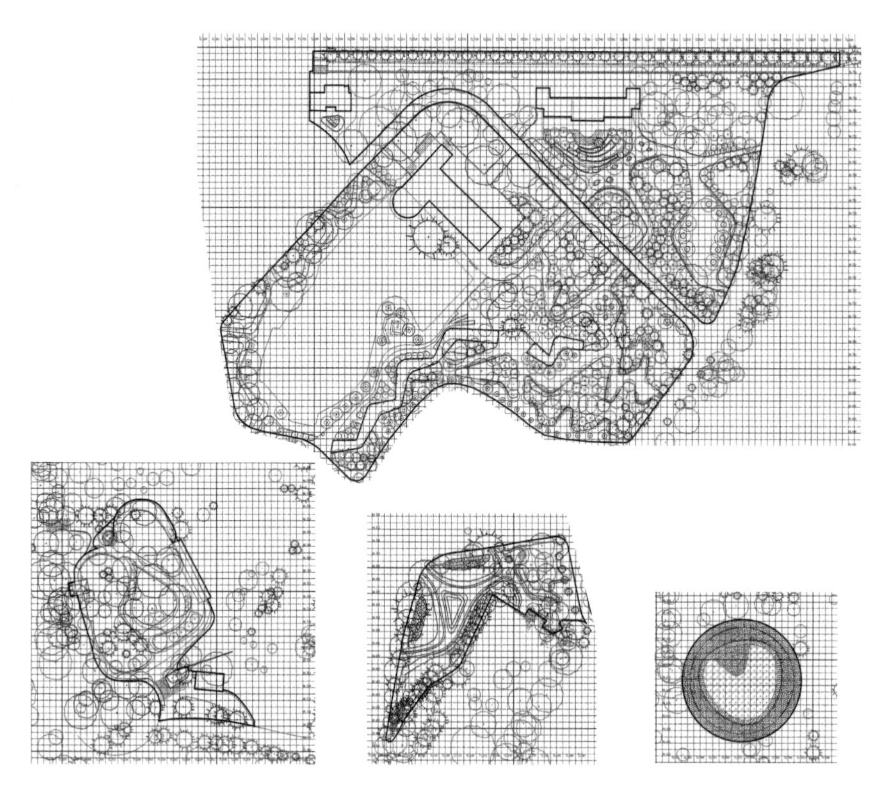

图 3-91 凤凰舞会、莲鱼湖等景点放线施工图 · 扫描本书封底二维码，公众号后台发送“风景园林”，获取高清大图

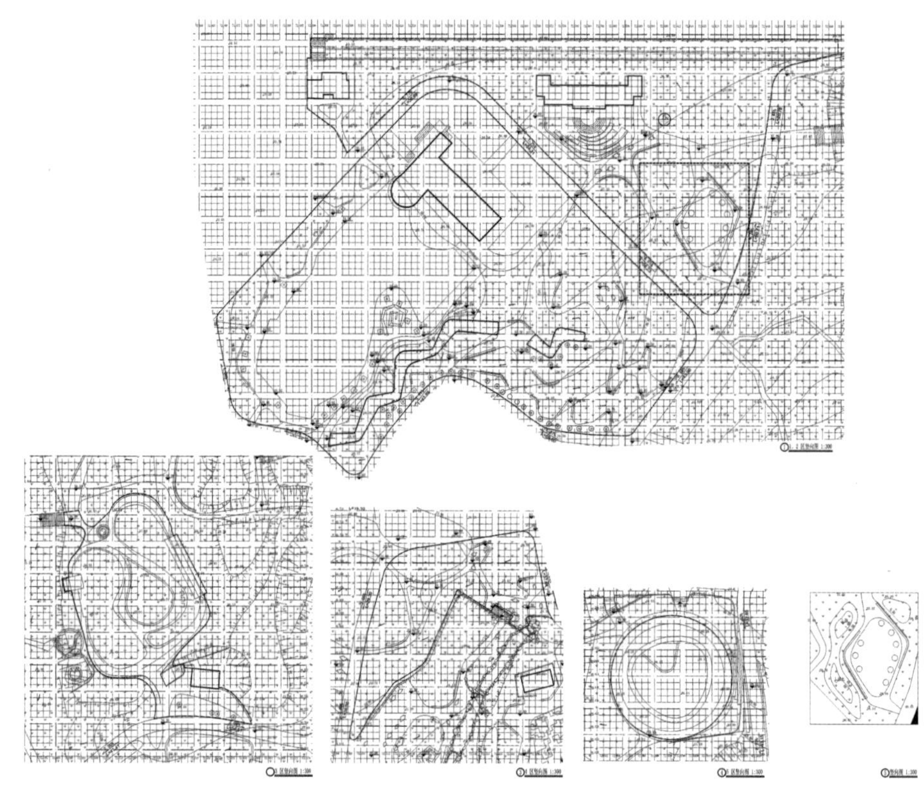

图 3-92 凤凰舞会、莲鱼湖等景点竖向施工图 · 扫描本书封底二维码，公众号后台发送“风景园林”，获取高清大图

超级票友会景点原有的亭子被保留下来，并适当改造，仍然作为票友们的舞台使用，周围设置一圈圈木制座椅，这里就成了一个聚会、停留和观赏的空间（图 3-93）。

设计改造依山就势，在凤凰山脚下的平地上设计变化丰富的地形，并铺上塑胶，这里就变成了小孩子肆意玩耍的游戏场地（图 3-94）。

图 3-93 超级票友会景点改造设计

图 3-94 儿童活动场地改造设计

五、实施效果

公园改造后，园内的休憩场所及穿行的园路已经融入了市民每日的生活。节日期间水漫广场的开启吸引了更多的游人前来，成为城市中令人愉快的事件。公园内从早到晚活跃着一拨又一拨的市民，他们或跳舞，或弹唱，或放松心情，自发地形成了各种文艺、体育活动的组织，衍生出了许多新的活动，构成了一道和谐的都市风景线（图 3-95、图 3-96）。

图 3-95 公园西南门广场景观

图 3-96 小火车轨道被改造为一处新奇、有趣的林下活动空间

CHAPTER

4

第四章

城市园区风景园林规划设计实践主要涵盖附属绿地，即附属于各类城市建设用地（除绿地与广场用地）的绿化用地。这一部分的风景园林实践类型复杂，与各类城市用地、建筑群结合紧密，如居住区、高校园区、商务区、创意园区、度假区、交通基础设施区等。

城市园区风景园林规划设计方法与实践

第一节
城市园区风景园林规划设计方法

一、城市住区景观规划设计要点

（1）规划设计特点

城市住区一般指不同人口规模的居住生活聚居地和特指城市干道或自然分界线所围合的场所。城市住区会配建一整套较完整的、能满足该区居民物质与文化生活所需的公共服务设施。城市住区景观应包括公共绿地、宅旁绿地、公共服务设施所属绿地和道路绿地（即道路红线内的绿地），其中包括满足当地植树绿化覆土要求、方便居民出入的地下或半地下建筑的屋顶绿地，不应包括屋顶、晒台的人工绿地。城市住区景观规划设计须满足规定的日照要求，安排适合游憩活动、供居民共享的集中绿地，应包括居住区公园、小游园和组团绿地及其他块状、带状绿地等。

首先，城市住区要确保居民基本生活环境，经济、合理、有效地使用规划土地，合理布局。其次，城市住区景观规划设计应遵循创新、协调、绿色、开放、共享的新发展理念，营造安全、卫生、方便、舒适、美丽、和谐及多样化的居住生活环境。应根据居住区的规划布局形式、环境特点及用地的具体条件，采用集中与分散相结合，点、线、面相结合的绿地系统，并宜保留和利用规划范围内的已有树木和绿地。住区外部空间与城市住区建筑一样重要，开放空间层次的变化也影响着规划总体设计的完整性。因此，城市住区景观规划设计应以实现“住有所居”的和谐社会为目标。

城市住区景观规划设计重点在于以人为本，营造科学、和谐的城市住区。首先，一定要考虑规划设计的完整性，要从城市区域角度出发，将整体住区空间放到城市整体空间体系中考虑，空间形态规划应以整个城市结构为背景，并与其他城市空间相融合，协调发展。其次，要考虑均衡配置原则，面对需求的多样性（如各个社会层次和不同年龄段）以及社会公共基础设施和资源配置等方面的需求，需要多方考虑，合理协调。要考虑差异性问题，如不同人群的生活习惯、思想观念、价值观，从而满足不同人群的需求。同时，结合低碳、可持续规划设计理念，思考生态环境与人居环境之间如何有序融合，将节能减排、能源再生提上新日程。最后，要考虑人文关怀。人是居住的主体，也是城市住区景观规划设计服务的对象，应考虑人的生理和心理需求、居住需求、邻里与社区需求、步行可达性需求，以人实际生活在城市中的活动规律作为设计的基本依据。同时，城市住区景观规划设计在满足基本照度要求的前提下，住区室外灯光设计应营造舒适、温和、安静、优雅的生活气氛，不宜盲目强调灯光亮度。光线充足的住区宜利用日光产生的光影变化来形成外部空间的独特景观。

（2）规划设计难点

随着我国城镇化率不断攀升以及城市住区建设的蓬勃发展，住区建筑构成了城市的基本形态，城市住区已然成了人们日常生活与交往的重要载体。

在城市住区的规划设计方面，首先，应重点关注相关规划设计标准和具有可操作性的设计指导，在优先满足住区日照、防火、防风等安全规范的基础上进行科学、系统的设计。其中，居住区内公共绿地所占比例的平衡控制指标分别为居住区 7.5% ～ 18%、小区 5% ～ 15%、组团 3% ～ 6%，新区建设绿地率不应低于 30%，旧区改建绿地率不宜低于 25%。居住区内公共绿地的总指标，应根据居住人口规模分别达到组团不少于 0.5 m^2/ 人、小区（含组团）不少于 1 m^2/ 人、居住区（含小区与组团）不少于 1.5 m^2/ 人，并应根据居住区规划布局形式统一安排、灵活使用。旧区改建可酌情降低标准。

城市住区景观规划设计也应根据居住区不同的规划布局形式，设置相应的中心绿地，以及老年人、儿童活动场地和其他的块状、带状公共绿地等。其中，中心绿地的设计至少应有一个边与相应级别的道路相邻，绿化面积（含水面）不宜小于 70%，以供居民休憩、散步和交往之用，设计宜采用开敞式，以绿篱或其他通透式院墙栏杆作分隔（表 4-1）。

组团绿地的设置应满足在标准的建筑日照阴影线范围之外有不少于 1/3 的绿地面积的要求，并便于设置儿童游戏设施和适于成人游憩活动的场所（表 4-2）。

表 4–1 各级中心绿地设置规定

中心绿地名称	设置内容	要求	最小规模（hm^2）
居住区公园	花木草坪、花坛水面、凉亭雕塑、小卖部或茶座、老幼设施、停车场地和铺装地面等	园内布局有明确的功能分区	1.00
小游园	花木草坪、花坛水面、雕塑、儿童设施和铺装地面等	园内布局应有一定的功能分区	0.40
组团绿地	花木草坪、桌椅、简易儿童设施等	灵活布局	0.04

表 4–2 院落式组团绿地设置规定

封闭型绿地		开敞型绿地	
南侧多层楼	南侧高层楼	南侧多层楼	南侧高层楼
$L \geqslant 1.5L_2$ $L \geqslant 30$ m	$L \geqslant 1.5L_2$ $L \geqslant 50$ m	$L \geqslant 1.5L_2$ $L \geqslant 30$ m	$L \geqslant 1.5L_2$ $L \geqslant 50$ m
$S_1 \geqslant 800$ m^2	$S_1 \geqslant 1800$ m^2	$S_1 \geqslant 500$ m^2	$S_1 \geqslant 1200$ m^2
$S_2 \geqslant 1000$ m^2	$S_2 \geqslant 2000$ m^2	$S_2 \geqslant 600$ m^2	$S_2 \geqslant 1400$ m^2

其次，城市住区外部空间的设计应更加重视居民使用和参与的感受，与居民需求相结合，并协调统一城市住区整体空间设计，使外部空间与居住建筑完美融合，完善空间环境与人居环境的总体配置。例如，为调节住区内部的通风排浊效果，在城市居住区景观规划设计中，应尽可能地扩大绿化种植面积，适当增加水面面积，以有利于调节通风的强弱。

最后，在住区景观规划设计中不仅要考虑美观性，更要深层次地研究住区空间不同物理环境的特点。由于地理位置或城市建设的差异，不同城市住区拥有不同的小气候条件，因此，要因地制宜地考虑环境特点，从而进一步完善景观规划设计。城市住区的景观配置对住区温度会产生较大影响，北方地区要从冬季保暖的角度考虑硬质景观设计，南方地区要从夏季降温的角度考虑软质景观设计，还要通过景观水量调节植物呼吸作用，使住区的相对湿度保持在 30% ～ 60%。

二、度假酒店景观规划设计要点

（1）规划设计特点

随着城市经济的快速发展和旅游业的日益发展，度假酒店越来越受到人们的欢迎。度假酒店以接待休假客人为主，是为宾客休假、旅游、疗养等提供食宿和娱乐活动的酒店类型。这类酒店大多建造在风景优美且远离市区的地方。度假酒店设计首先主要满足酒店的功能要求和经营流程，同时满足可持续发展的需要，通过改造发展来实现提高长期经营效益的可能。度假酒店经营的季节性较强，对酒店区域环境设计的要求是具有更高的景观价值，娱乐设施配套更丰富。规划设计的主要特点是人与自然的充分融合，利用自然环境，将景观价值最大化，通过外部景观环境设计将山形、地势、水景和建筑相结合，让自然景观和人造景观实现最大化的价值。在建筑空间方面，努力营造出丰富的内部庭院和康养旅游的休闲氛围，让游客放松身心。

度假酒店因其周边的自然环境和功能定位而具有独特性。度假酒店设计将人的需求、景观环境、地方文化和经济效益等因素进行整合，对总体规划布局、风格形象定位、流线设计、景观环境营造等方面综合考虑，用度假酒店景观规划设计将酒店建筑与周边环境有机结合，将自然环境的景色融入度假酒店景观中，采用当地主题的特色风格作为设计主基调。体验文化遗产，尤其是非物质文化遗产是休闲生活的重要内容，休闲是文化遗产保护、传承和利用的重要方式。在度假酒店景观规划设计中要注重突出城市文化和民族特色，促进文物古迹及其所处环境的保护，使游客通过度假酒店体验不同地域、不同环境的独特民俗文化和自然风光。

（2）规划设计难点

度假酒店设计中应充分利用自然环境，需要考虑已有环境现状，将自然景观和人工景观充分融合。景观设计应结合建筑体量分析，调整视线角度，打造室内外融合的空间体验感。要根据地域特色，因地制宜地结合当地历史和酒店总体定位，将地域风貌和区域环境相融合，提炼具有较高的独特性、审美性、愉悦性、记忆性的当地文化要素，形成具有吸引力和象征性的度假酒店景观设计性格表征。景观材料设计需要考虑建筑形态的构成和立面材质肌理，应符合当地的自然景观与人文景观风貌。度假酒店景观设计中应继承当地城市文化传统，展现城市的历史风貌、历史文化和自然遗产，达到度假酒店景观和当地自然人文景观的和谐融通。室外环境应充分考虑生活设施和服务设施的设置，以休闲娱乐为主，打造活泼的氛围。

三、校园景观规划设计要点

（1）规划设计特点

校园景观规划设计应体现校园文化主题和所属地域的文化特色。高校景观不仅要有良好的物质环境，更要注重其中的文化环境对人的熏陶作用。优美的校园环境可使师生获得赏心悦目的感受，对学生综合素质的提高有着不可估量的作用。校园作为传道授业、交流知识、发展学术的场所，与其他环境最主要的区别在于其文化内涵。景观设计要创造丰富的交往交流空间和开放包容的活动空间，将各级各类校园建设成为生态自然、绿树成荫、鸟语花香的地方，成为环境优美、休闲宜人、城乡居民和学生向往的场所。

（2）规划设计难点

目前，校园规划主要重视校园建筑和校园整体规划，所以在校园建设中，景观往往被规划者所忽视，对校园文化内涵的表达也不够关注，景观的物质构成和文化内涵脱节严重，从而使景观缺乏个性与灵魂。

校园景观设计重点首先需要满足人们的物质需求，为人们营造一个绿树成荫、舒心宜人的自然环境，使其成为可良性发展的理想生态环境，从而使学生的身心可以健康地发展。要坚持生态理念，景观和谐自然；绿树绿地多，乔木、灌木、草坪搭配适当；具备生物多样性、植物多样性；建设水系的水体适中，水深安全，水岸亲和。同时，高校的景观设计还应兼具以下功能：净化空气、水体、土壤，杀菌消毒，改善局部地区小气候，降噪，监测环境，防灾减震，以及创造一定的经济收益。

其次，校园景观要满足人们的精神需要，要提供充足的、宜人的交往空间和场所。校园景观蕴含着巨大的潜在教育意义，学生在欣赏物质景观，领悟其中丰富的文化内涵的同时，也可以互相交流，充分感受校园文化。这就要求在校园景观规划设计中，绿地面积大，绿地率大，绿化覆盖率大。绿地率所指的“学校用地范围内各类绿地”，主要包括公共绿地、宿舍旁绿地等。其中，公共绿地又

包括小游园、组团绿地及其他的一些块状、带状公共绿地。对于公共绿地面积，小学每生不低于 0.5 m^2，中学每生不低于 1 m^2。中小学校应设置集中绿地，集中绿地的宽度不应小于 8 m。校园生均绿地面积，小学大于 5 m^2，中学（中职）大于 6 m^2，高校（含高职）大于 7 m^2。校园绿地率，小学大于 30%，中学（中职）大于 35%，高校大于 38%。校园绿化覆盖率，小学大于 40%，中学（中职）大于 45%，高校大于 50%。校园景观规划设计力求做到"一无三少"，即校园无裸露泥土；大草坪、大铺装、大水体少；硬堡坎、硬水岸、硬树池少；人工景观、人工水体、人工喷泉少。

最后，校园景观应与城市景观有所联系，"大学校园是微缩的城市"，高校环境是城市环境的组成部分，需要把握高校景观和城市景观的有机联系，才能因地制宜地建设具有当地特色和体现文化内涵的优秀校园景观。

四、创新园区景观规划设计要点

（1）规划设计特点

随着我国经济由高速增长转向高质量发展，高新技术产业对城市经济发展的贡献不断增加。首先，创新园区作为国家科技发展的核心力量以及创新体系的基础，其创新效率直接影响到我国经济的增速和自主创新能力的提高。其次，科技创新可以为高质量发展提供新的增长空间、着力点和有力支撑体系。考虑对外开放程度要求，高新产业园区的创新活动需要一定的场地空间，为企业以及产业知识创新提供更优质的场所。创新园区建设重点是考虑如何更好地提升创新效率，应从制度角度考虑政府与创新园区之间的协调关系，通过产业政策鼓励创业政策，激发创新园区新活力，从而合理控制园区规模，促进资源有效利用，其中包括建筑空间及产业规模和对外开放范围。创新园区作为高科技人才高度聚集的智力密集型产业集中地，其景观规划设计应做到创造良好的生态环境，便于激发创意灵感以及休闲放松，为之后展开高效工作提供空间环境。再次，创新园区应以完善技术创新体系为主，根据园区的特点，完善不同类型研发创新平台等的配套设施。最后，要考虑搭建园区的创新平台，也要营造良好的创新生态环境，使园区拥有可持续发展的生态产业。

（2）规划设计难点

创新园区景观规划设计首先应考虑园区的设计定位问题，了解并掌握企业的发展历史、企业文化等信息，以此定位不同的设计风格，与园区整体功能相协调。其次，创造具有个性的景观空间，彰显创新园区特色。在充分考虑园区内部空间流线合理性和不同功能建筑布局特点的基础上，突出景观空间的创新力。可以考虑采取 GIS 等更为科学的景观设计规划手段，利用新景观、科技创新景观的新形式，创造出更加合理、和谐、具有特色的创新园区景观。最后，创新园区的使用人群较为特殊，这些从事高精尖或创意产业的工作者可能面临着工作压力大、创造力不足等诸多问题，景观设计要基于使用群体特征，在建设中充分发挥自身环境与地理优势，发扬人文主义关怀精神，将生产劳动空间、康养休闲空间与景观绿地相结合——总建筑密度控制在 20% ～ 30%，容积率控制在 0.7 ～ 0.8，绿地率≥ 70%，人均绿地面积在 100 m^2 以上，控制场地总人口数量，让园区与自然相互渗透，使创新园区成为一个具有生活、游憩、科研创新功能的开放型多功能综合体。

五、城市园区风景园林案例解析

（1）瑞典马尔默 Bo01 住宅区（图 4-1 ～图 4-3）

项目位置：瑞典·马尔默市

完成时间：2005 年（第一期）

项目规模：30 hm^2

① 项目背景

马尔默市位于瑞典南部斯科讷省，是瑞典第三大城市，也是瑞典主要的工业城市之一。同许多工业城市一样，20 世纪工业繁荣发展的时代过后，马尔默西港的发展因造船业的衰败而停滞，最后成了一片工业废弃地。

“将废弃的工业码头改造成有吸引力的住宅区”这一理念在 1995 年听来无疑是非常吸引人的，而这也帮助马尔默赢得了“欧洲城市住宅博览会”的举办权，自此，一个以生态可持续实验区为目标的生态城投入了建设。

2001 年，马尔默举办了一次以可持续发展为主题的住宅展览，同期启动了 Bo01 住宅区的建设项目，第一期于 2005 年秋季竣工。Bo01 住宅区所处的马尔

图 4–1 瑞典马尔默 Bo01 住宅区

图 4–2 瑞典马尔默 Bo01 住宅区位置图

图 4–3 瑞典马尔默 Bo01 住宅区红线范围图

默西港曾经是废弃的工业码头，占地约 160 hm²。随着住宅示范区的建设，这片昔日的工业废弃地逐渐被包含居住、服务设施、教育设施的新型城市所取代。Bo01 住宅区的再生能源系统被评为欧洲最佳节能项目，并且是欧洲公认的可持续建筑的示范工程，成了后来的生态社区建设楷模。

② 设计理念

马尔默 Bo01 住宅区以节能、可持续发展为核心理念，利用现有淡水资源，以水资源系统为基础，建立起水资源大周期循环系统，以及以水为核心的绿地景观系统，以节能为首要目标的交通设计、可再生系统等，以联系、尊重自然为主的半生境社区绿化，真实展示了一个可持续、前卫、高度生态保护的“未来之城”（图 4-4）。

③ 方案设计

可持续水系统设计

在 Bo01 住宅区项目规划之初，马尔默规划办公室就明确了水系统规划的三个目标：将社区通过水系与老城中心连接起来；实现每座建筑物直接与水和自然接触；收集雨水并利用植物对其进行处理和可持续利用。住宅各区环境均以水为基本要素，通过一条穿越居住区和欧洲村的人工运河实现了每栋建筑都临水的目标（图 4-5、图 4-6）。

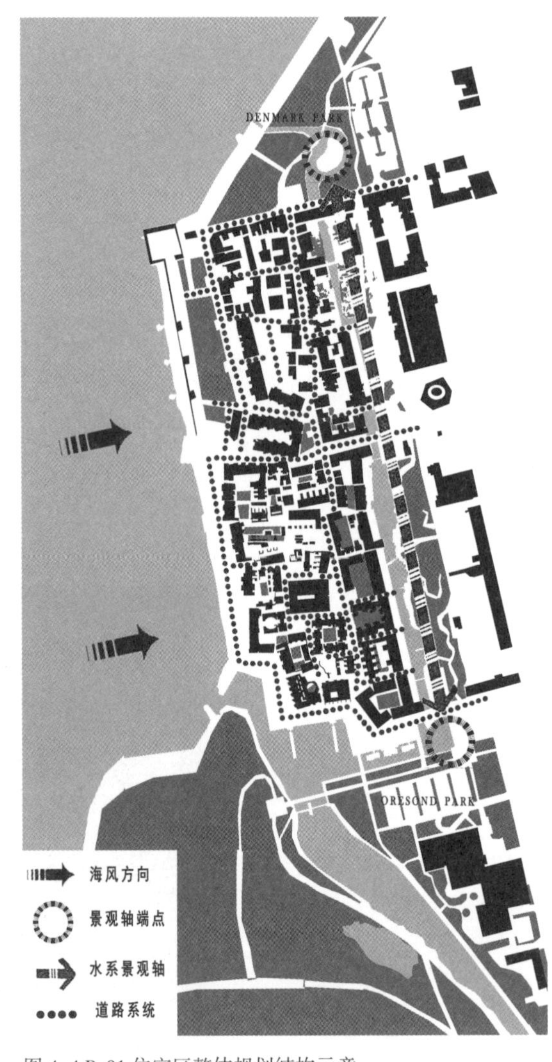

图 4-4 Bo01 住宅区整体规划结构示意

Bo01 住宅区的雨水管理特点体现在雨水管理和污染物处理两个方面。社区采用滞留、渗透、收集和排放结合的管理方式，首先在雨水径流区域，如屋顶、街道、广场等使用透水和滞水材料及处理方式，如透水砖、屋顶绿化，最大限度地滞留雨水；其次，结合开放式排水道及雨水收集池汇集雨水。关于污染物处理，该社区雨水分为受污染的雨水和未受污染的雨水，设计方案尽量减少受污染雨水，通过建设大量的屋顶绿化来过滤雨水。净化过的污染物与收集到的雨水一同储存在池塘和收集装置中，再循环进入绿地灌溉系统、景观水湖泊中，达到水系统的周期循环（图 4-7）。

因马尔默临近海港，水是社区景观中重要的组成元素。在 Bo01 住宅区中，以水为主要元素的景观可谓十分丰富，浅水广场、阶梯码头（图 4-8）、日光浴码头等为居民提供了开敞的休闲空间，亲水的尺度充分考虑了居民的使用感受，创造了舒适的社交、休闲环境，亦体现了“以人为本”的理念（图 4-9）。

生物多样性保护

Bo01 住宅区在前期规划中就将保护场地的生物多样性纳入考虑之中，不仅在建设过程中将当地原有物种进行了妥善移植与保护，而且在社区建成之后，更是建造了“生态浮岛”用以创造半自然的生境来容纳场地原有的生物，大大小小的湿地生境也为植物演替提供了空间，将人工对自然的干扰降到最低，而这样的空间也成了很好的生态科普教育场地（图 4-10）。

图 4–5 水系与住宅

图 4–6 人工运河亲水栈道

图 4–7 雨水收集细节设计

图 4-8 阶梯码头

图 4-9 亲水休憩平台

图 4-10 宅间水景

引导低碳出行的交通设计

在交通设计上，Bo01 住宅区将机动车道与非机动车道分离，不仅为居民创造了舒适、安全的出行环境，而且通过科学、合理的交通设计，将机动车控制在场地外围，减少居民出行对机动车的依赖，引导他们乘坐公共交通工具，大大减少了碳排放量。

可再生系统

在 Bo01 住宅区建筑、景观的营造过程中，使用了大量的可再生、可回收、可重复使用的材料，大大降低了建设、维护和管理的成本。同时，使用规格相同的材料进行营造，以达到重复利用的目的，诸如小型的铺地石、自然化的岩石堤岸、乡土树木等的选用，以简洁的设计创造无限的可能（图 4-11 ～图 4-14）。

图 4–11 入户的小花园 1

图 4–12 入户的小花园 2

图 4–13 入户的小花园 3

图 4–14 入户的小花园 4

（2）巴厘岛乌鲁瓦图阿丽拉别墅酒店（Alila Villas Uluwatu）（图4-15～图4-17）

项目位置：印度尼西亚·巴厘岛

完成时间：2009 年

项目规模：144 642 m²

设计公司：新加坡 WOHA 建筑事务所

图 4-15 巴厘岛乌鲁瓦图阿丽拉别墅酒店

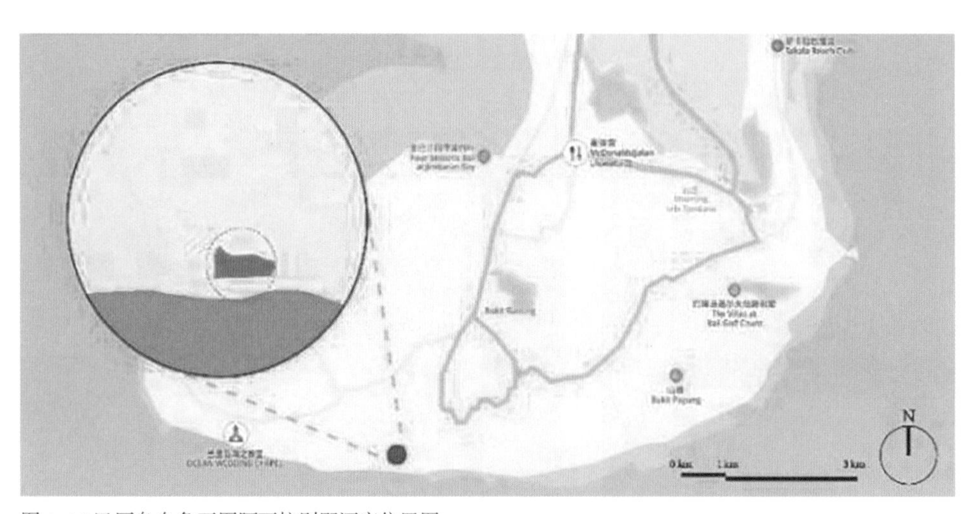

图 4-16 巴厘岛乌鲁瓦图阿丽拉别墅酒店位置图

图 4-17 巴厘岛乌鲁瓦图阿丽拉别墅酒店红线范围图

① 项目背景

乌鲁瓦图阿丽拉别墅酒店位于巴厘岛南部布科半岛的悬崖顶端，由新加坡 WOHA 建筑事务所设计。度假村里的别墅视野都很开阔，能看到周围美丽的景色。这里的建筑集现代的线条和传统的材料于一体，展示了巴厘岛丰富的文化和悠久的建筑史。

② 设计理念

酒店设计探讨了乡土建筑与现代主义设计融合的潜力，将巴厘岛传统展馆建筑和乡村景观的乐趣与现代动态的空间和形式处理结合在一起。设计的基本原则是围绕居住在特定地点的乐趣，而不是重复巴厘岛或一般度假胜地的刻板形象。项目运用了一种独特的设计语言，建筑的灵感来自当地农民松散堆积的石灰石。露台屋顶与景观融合在一起，保持了原有的开阔全景，使场地非常独特。

为了更加绿色环保，别墅及公共区均采用半开放式设计，最大限度地利用了天然的光源。

③ 方案设计

酒店的设计注重保护场地的优质景观资源，总体规划尊重等高线，避免切割和填充。设计者对现状植被进行了调查和记录，并将标本送往英国皇家植物园进行鉴定，还建了一个苗圃培植本土植物，这些植物被用于酒店室外景观设计中。设计最大限度地保留了本土植物景观特色，以及生物多样性，鼓励当地的动物和鸟类留在该地区。酒店室外公共环境的设计因地制宜，尊重原有地形，别墅建筑分散布置在自然地形之间，巧妙利用高差获得每个房间的海景视线（图 4-18、图 4-19）。

图 4-18 酒店泳池与发呆亭

图 4-19 本土植物景观

酒店中的材料都来自当地。石墙使用的材料是场地道路施工的剩余材料，而其他材料来自巴厘岛或者邻近的爪哇岛。酒店室内家具、灯具和配件也由当地的工匠打造，使用了包括椰子和竹子在内的可持续材料，同时利用巴厘岛火山爆发所产生的浮岩设计露台屋顶。酒店设计在材料方面具有独特性，支持了当地的技术，并很好地宣传了当地文化，创造了就业机会。

酒店的平面布局充分考虑了气候的变化。一方面，别墅内部采用分散式布局，每一种“功能”之间都拉开距离。这样的布局相对于紧凑的布局更有利于空气流通，墙体尽量敞开，减少围合，给人通畅之感。另一方面，在对当地民居空间进行了充分研究的基础上，布局由一种静态的单一方向空间，转变为多个方向的动态布局，使得局促的空间显得丰富和流动起来（图 4-20 ～图 4-23）。

图 4-20 建筑间的小庭园

图 4–21 建筑与水景

图 4–22 叠水景观

图 4–23 酒店别墅区花园

别墅酒店的发呆亭（图 4-24、图 4-25）设计，选用木条搭建，形状类似鸟巢，悬空而立，可以在崖顶极目远眺，放空思绪。发呆亭分布在整个别墅酒店各处，每个房间附近都有一个大约 12 m^2 的巢穴形式的亭子放置在泳池边，前半部分悬空在用当地石灰岩砌成的悬崖之上，让客人可以体验与自然的近距离接触，放松心情。

图 4–24 别墅酒店中的发呆亭

图 4–25 休息空间

④ 其他

该项目在设计阶段就采用了可持续发展的理念，在建造过程中遵循环境质量计划，使用了表 4-3 所示的环境保护技术。

表 4–3 环境保护技术表（改绘）

设计尊重自然地形	雨水收集和水循环利用	含水层通过渗水处、沼泽地和雨水花园重新蓄水	所有废水都进入灰水系统，用于给植物浇水和冲厕
污水分质化收集，都经过处理，在灰水系统中循环使用	巨大的悬垂物可以自然冷却	使用热泵加热水	以自然植被为基础的景观美化，野生动物保护
基于干旱气候的自然植被景观，以节约用水	可再生材料	材料来自当地（如碎石墙）	盐水池而不是氯气池
废物分类及循环再造	非化学防蚁处理	木材和竹子的无毒防腐处理	低能耗照明

巴厘岛乌鲁瓦图阿丽拉别墅酒店的下一步发展是适度开发，由于位于贫穷、干旱但是风景优美的地区，旅游业取代了传统的农业，为当地居民创造了大量的就业机会，同时也带动了经济发展。经济发展应当是适应当地自然的，并通过展示地域特色，带给游客截然不同的感受。

（3）新加坡工艺教育学院（Institute of Technical Education，ITE）西校区（图 4-26 ～图 4-28）

项目位置：新加坡

完成时间：2011 年

项目规模：114 000 m^2

设计公司：STX 建筑景观设计事务所

图 4–26 新加坡工艺教育学院西校区

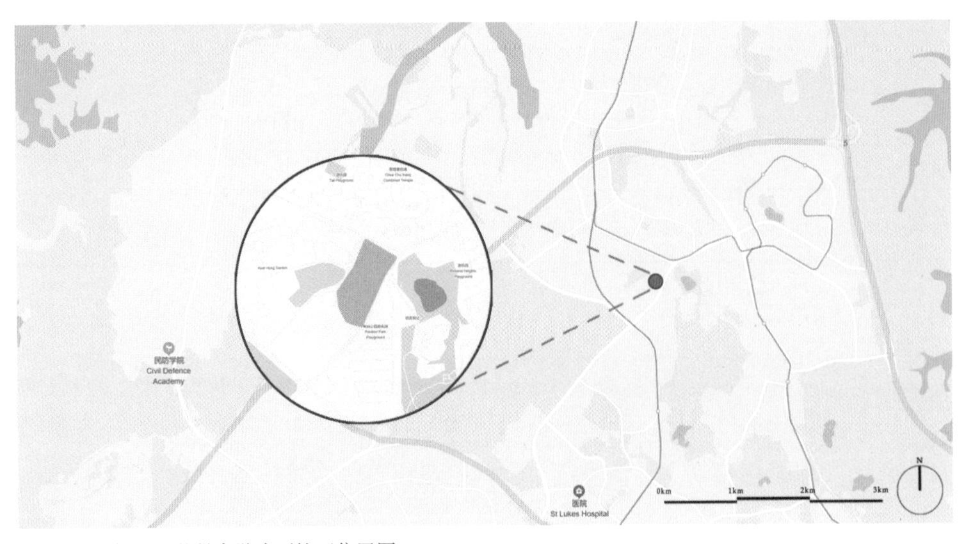

图 4–27 新加坡工艺教育学院西校区位置图

图 4–28 新加坡工艺教育学院西校区红线范围图

① 项目背景

新加坡工艺教育学院成立于 1992 年，隶属于新加坡教育部，并由新加坡政府全额资助，学院经历多年蜕变，发展到现今拥有 11 座分布在新加坡各处的现代化校园。以服务业教育为重点，新加坡工艺教育学院西校区以“商业城”取代传统的教室，倡导亲身体验式学习，包括功能齐全的餐厅、商店、酒店和学生培训会议中心。这个对公众开放的建筑群也致力于建立私立学术机构和周围社区之间的互动关系，先进的教育设施包括酒窖、700 个座位的礼堂、音乐和艺术中心，并配有 DJ 室、广播工作室和舞蹈空间等。

② 设计理念

校园建筑和景观统一使用了柔和的曲线为设计语言，平面布局强化曲线的流畅，立面设计采用水平元素，共同打造室内外过渡的校园空间。屋顶结构为中央活动广场提供了防晒和防雨的功能，成为校园内一处重要的中心活动场所。

③ 方案设计

校园中曲线型的设计语言创造出一系列变化的室外景观空间，结合立面的水平元素，如梯田一般层叠，形成半室外的过渡空间（图 4-29）。景观与建筑紧密对话，教学楼、礼堂等功能建筑与景观流线相结合，创造出流动的空间，并形成了趣味性、自然性与安静感的整体特色。一系列花园、水景、植物构成了一

图 4–29 梯田地形

个绿色校园。

进入校园北广场，活动广场花园是一个起点，之后有艺术花园（图 4-30）、代码花园（图 4-31）、空中花园、大堂花园和景致花园。校园北广场的曲线形式是美丽的不对称景观，表达了新加坡工艺教育学院西校区的座右铭——“变革浪潮”。服务中心和主礼堂的前院由清晰的波浪线组成，充满运动感。进入北广场花园便能感受到一种仪式感和形式上的一致性，营造出强烈的第一印象。活动广场可以举行大型活动，阶梯式的观众席围绕广场形成围合的椭圆形，使这里成为一个表演的舞台，也是一个集体狂欢的场地。艺术花园和代码花园的内部庭院提供休息的空间（图 4-32），方便小团体聚会。

校园的环境设计鼓励健康的绿色户外学习，景观是建筑的延伸，也是教学空间的延续，植被覆盖的林荫空间、水景打造的花园空间和建筑的半室外空间都是有利于学习、交流、讨论的环境。

图 4-30 艺术花园

图 4-31 代码花园

图 4-32 花园林荫休息空间

④ 其他

新加坡工艺教育学院西校区本着为学生提供更优质的学习体验，在满足学习环境需求的基础上，也提供了很好的商业、娱乐、社交的环境，体现了以服务业教育为重点，以新的方式激活学生和教师群体的现代化校园风貌。

（4）德国沃尔夫斯堡大众汽车城（图 4-33 ～图 4-35）

项目位置：德国·沃尔夫斯堡

完成时间：2000 年

项目规模：250 000 m^2

设计公司：WES 景观设计事务所

图 4-33 沃尔夫斯堡大众汽车城

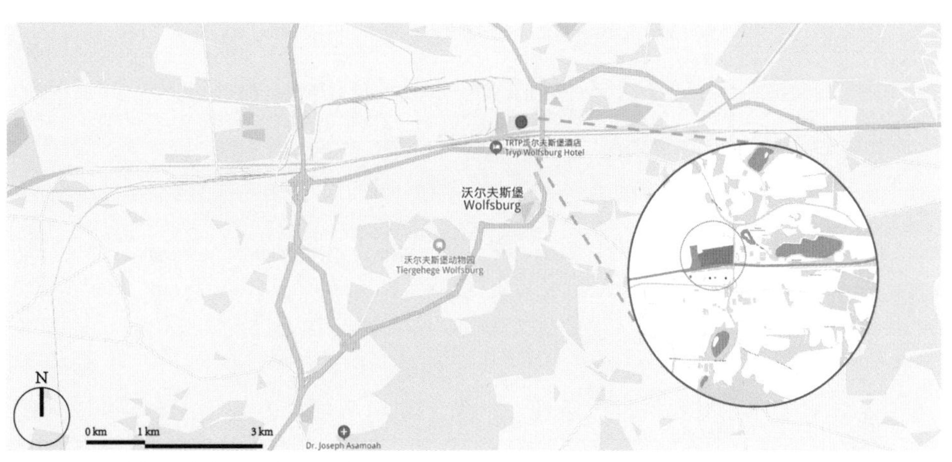

图 4-34 沃尔夫斯堡大众汽车城位置图

图 4-35 沃尔夫斯堡大众汽车城红线范围图

① 项目背景

1938 年，沃尔夫斯堡市作为德国当时现代化的汽车城而兴建起来，在二战后继续生产大众汽车。1996 年，大众集团利用德国中部运河沿岸废弃的贮煤场开发了大约 250 000 m^2 的空地，兴建汽车城主题公园。2000 年，在已有几十年历史的大众公司厂区原职工停车场上建起了一个集服务、展览、休闲、娱乐于一体的综合园区。

② 设计理念

大众汽车城的开发建设、园区规划、建筑与景观设计、产品设计，都与大众企业文化紧密结合，整体风格以亲近自然的公园串联起各个工业展示馆。大众汽车城是整个产业园区中的一部分，景观设计旨在促进汽车城同客户和游客间自由、坦诚地交流。人们在这里不仅能了解大众公司的历史、技术和产品开发情况，更能在舒适的休闲空间中休憩、娱乐、放松心情。

大众汽车城作为一个综合性的主题公园，将工业文化与园林景观结合在一起，体现出自然、人和科技的和谐，为人们提供了一个极富文化气息的休闲空间场所。

③方案设计

设计师充分运用现状自然条件，创造了以城市广场、人工湖和岛屿景观为主体的室外环境。园内设计采用弧线形将整个园区内的建筑、广场和其他活动空间流畅地串联起来，彰显艺术的美感和整体的统一感。

园区南入口以宽阔的大尺度城市广场衬托长方形主体建筑的体量感。建筑以北是一处人工湖，湖岸广场上行列式种植着落叶乔木形成林荫广场，在近水处设亲水平台。园区从外围引入运河水系，形成中心人工湖景观，湖水面积大约 16 000 m^2，并利用和运河的 40 m 高差形成了瀑布景观，丰富了园区的水景形态（图 4-36、图 4-37）。同时，挖湖产生的土方就地平衡，建设人工岛，岛屿的立面形态呼应了大众汽车城的地标造型。

园内的景观设计借鉴了东方造园的手法，采用迂回曲折的交通系统，以突出建筑的主群层次，同时规划出游人的行走路线。水中栈桥的设置也增加了步行交通的层次，多条路线穿插在园中，并结合起伏的地形，营造出与建筑不同的氛围感（图 4-38、图 4-39）。设计师根据现状条件，创造了一条斜向轴线，北起火车站，穿过运河大桥进入公园，经过中心人工湖区，再穿过两座汽车塔楼，一直延伸至老城区的宫殿。

图 4–36 园内水景、岛屿与建筑

图 4–37 水景喷泉

图 4–38 植被景观

图 4–39 植被与地形景观

为了突出各个场馆的个性，场馆周边的树种选择也经过精心考虑。在大众馆周围种植桦树；奥迪馆种植槭树；用英国栎树来衬托宾利馆；板栗树反映了兰博基尼故乡地中海区的风情；西雅特馆附近配植银柳；斯柯达馆边种植波希米亚椴树等。园内的保时捷馆为2012年建设的，基本形态契合园内的弧线形。活泼的线条在无缝的建筑表面营造了一种动感和速度感。平整的亚光不锈钢表面不仅能塑造一种视觉上的统一，还能根据光线和天气变化创造出多变的外观。

④其他

大众汽车城的景观设计突出崇尚自然的生态观，体现了以可持续发展为目标的现代设计理念。园内人工湖和运河的结合利用说明了该项目对周边生态环境的利用与挖掘，湖中央水站和过滤装置实现了水的净化与循环。

随着城市的发展与沃尔斯堡地区的建设，沃尔斯堡大众汽车城主要提供休闲展示与娱乐空间。它的设计与建造也彰显了与汽车相配套的产业不局限于商业，还可以配合良好的规划、景观设计进行其他新业态的开发，赋予产业园区新的面貌与作用，成为集生产、商业、展示、旅游等功能于一体的复合式场地，还能吸引众多游客前来参观。

第二节

城市园区风景园林规划设计实践——北京中信金陵酒店景观设计

一、北京中信金陵酒店建设背景

北京中信金陵酒店坐落在北京平谷区西峪水库东南半山之上，酒店建筑背山面水，分为山下的运动休闲区、山腰间的主体建筑群及山顶的高级套房区。景观设计对象主要为建筑周边的山体和湖区，设计面积 106 300 m^2。

从当地的现有条件看，山水景观良好，视野开阔。设计面对的主要问题是酒店在设施建造过程中，山体大规模的开挖对原有生态环境造成了程度不等的损伤，生态环境有待修复。此外，酒店建筑体量较大，并有大量台阶和室外消防疏散通道，需要与周围山体有较好的融合。考虑到五星级酒店必须营造独特的自然环境和场景意境，可居可游，才能拥有吸引力和持久的竞争力，因此，修复与重建生态环境，同时运用艺术化的手法弥合和重建自然环境与建筑之间的关系，是项目面临的主要任务（图 4-40）。

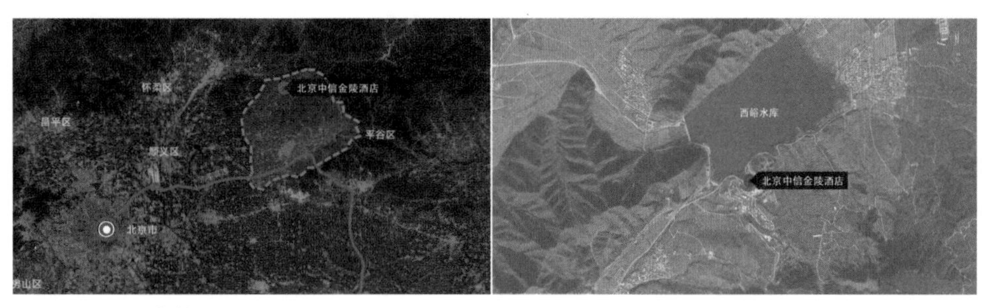

图 4–40 项目区位情况

二、北京中信金陵酒店建设场地现状

酒店主体建筑群错落层叠在山坡上，靠山环抱一片湖水，构成依山观水之势，视野极佳。同时，与周边山地景观相契合，建筑与山体成为一个整体。建筑前的现状湖不仅具有景观的功能，同时也发挥着重要的汇流山体雨洪的作用（图 4-41、图 4-42）。

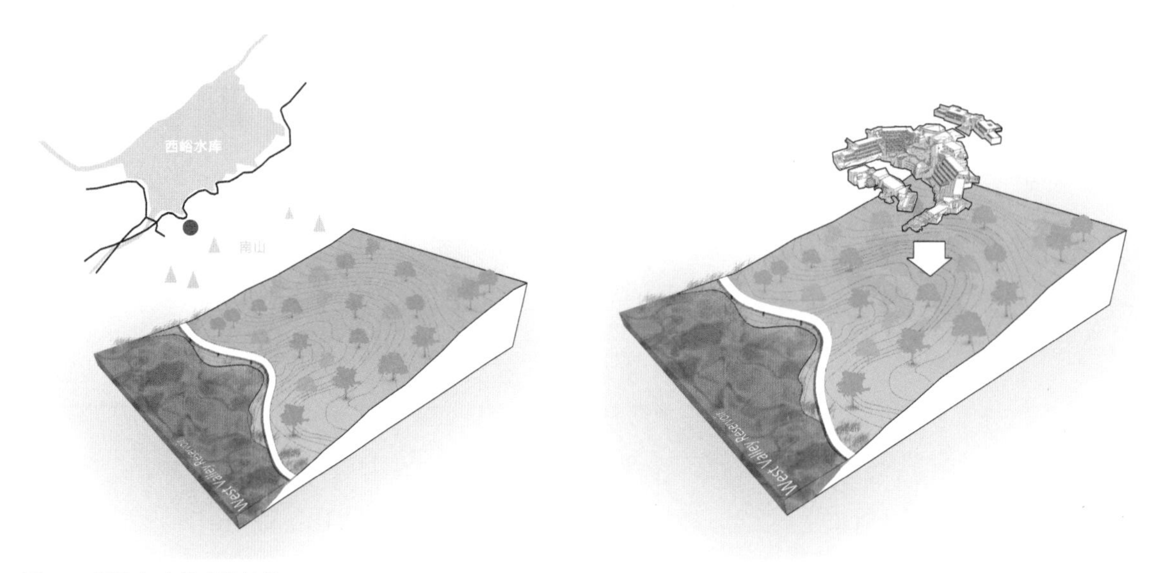

图 4-41 场地与建筑现状解析

图 4-42 雨洪管理系统分析图

三、因地制宜的山水画艺术再现

景观设计往往在给定的条件——原有自然环境、已有设施下进行，因此，景观设计较多的是做加法。但做加法要能节制，充分利用现有条件、已有设施，使“添加”恰到好处、恰如其分，既减少对环境的扰动，同时尽可能控制成本，降低投入，这才是真正的挑战。

北京中信金陵酒店设计项目区位依山傍水，建筑设计希望整个建筑群能够如磐石般错落叠置于山坡上，背山环抱一汪湖水，构成依山观水之势。景观设计则延续了建筑设计方的设计理念，并更加重视周边自然环境与建筑之间的关系，打破人与自然、人工与原生态间的界限，使景观设计以“无我”境界存在其中，将建筑与山地生境融为一体，相得益彰（图 4-43 ～图 4-45）。

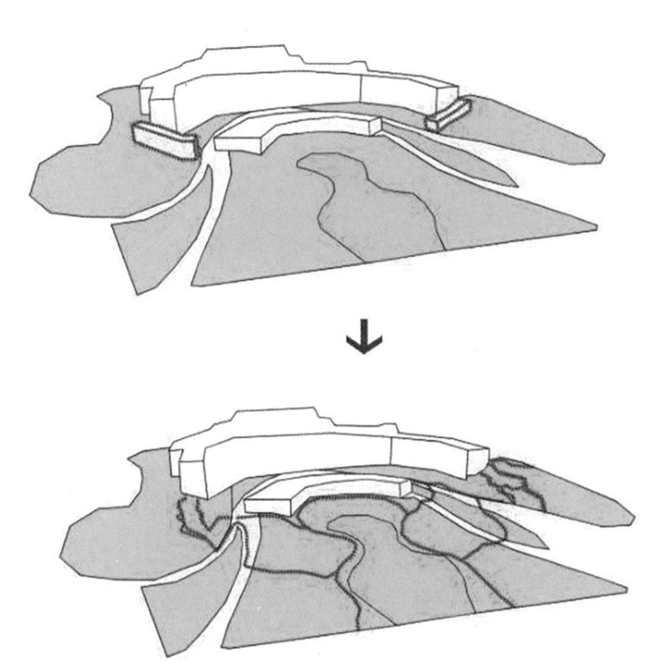

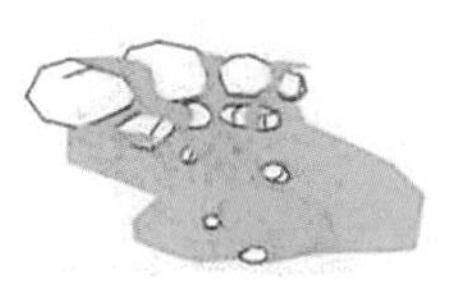

延续建筑的设计语言

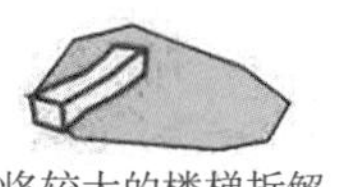

将较大的楼梯拆解

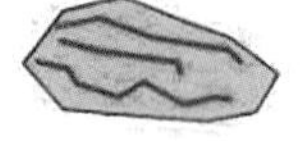

让楼梯融入台地山景中

登山—玩水—赏景
用步行系统将山景、水景串联，形成系统的游赏路线

图 4–43 设计构思图

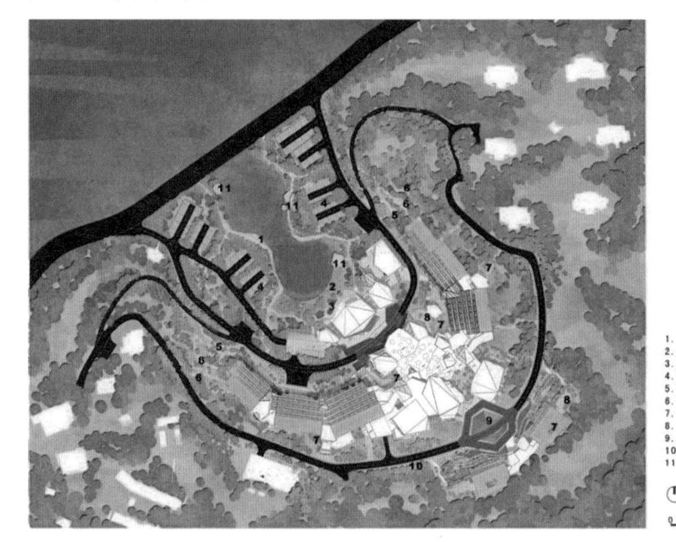

图 4–44 总平面图

同时，富于创意地借鉴中国传统艺术的精髓，尤其是传统山水画的艺术手法，就地取材，因地制宜，既实现了生态环境的修复与改善，又营造出“环境如画，人在画中”的境界，恢复与创造诗意化的山水园林景观，构建良好而丰富的生态系统。

图 4–45 总体效果图

四、山体酒店景观设计过程

（1）湖景设计结合山地雨洪管理

酒店坐落的山坡之下原为一片淤塞的洼地，周围生长着野生的柳树、槐树。设计者清理淤泥和植被，将水库的水引至山脚，扩大了湖景。同时，运用传统园林艺术“借景”的手法，将西峪水库的湖景和远处山景融入场地之中。此外，原有树木保留，沿湖岸种植了大量水生、湿生植物，设计了景观平台、木栈道等亲水设施，丰富了游赏路径。木质景观平台艺术化的折线造型与酒店外观呼应，木材质地则与环境更为亲和。清理后的周边地形、保留的现有植被和生态驳岸，将景观湖与周边环境融合，形成一幅天然的图画。

由于山地地形的特殊性，普通雨水管不能完全合理地解决山地环境的雨洪问题，而景观湖刚好具有重要的积蓄雨水的功能。山体汇流的雨水经由建筑屋顶花园、庭院、透水路面、生态挡墙、水生植物再汇入湖中，延长了地表径流的时间，减缓了径流速度，提高了雨水的下渗率，具有一定的雨洪调节功能。湖岸的湿生植物群落可以改善水质，有利于生物的栖息和繁衍。景观湖与水库之间设计的景观坝可以有效调控湖水水位。此外，湖中设置了水循环和水净化系统，净化后的水体还可以作为绿地灌溉水源加以利用（图 4-46 ～图 4-53）。

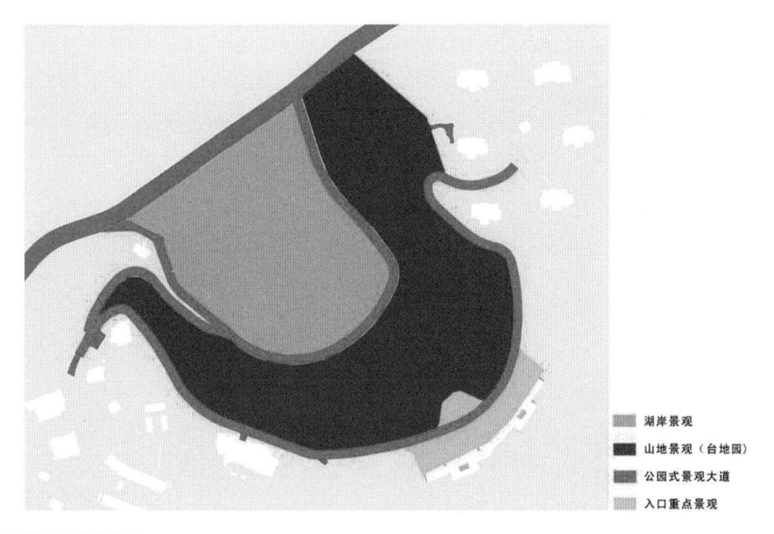

图 4-46 景观结构分析图

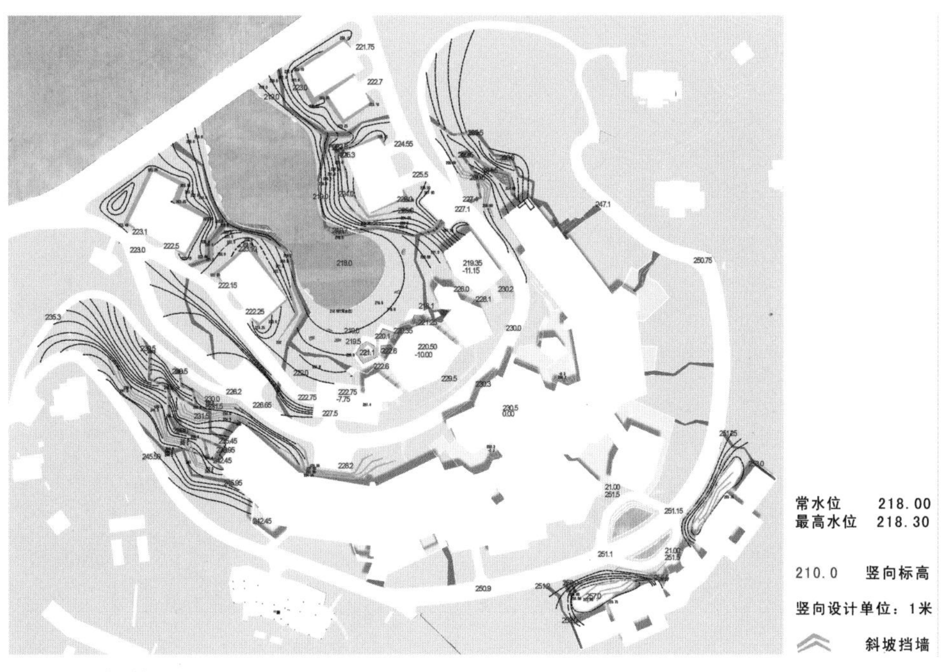

图 4-47 竖向分析图

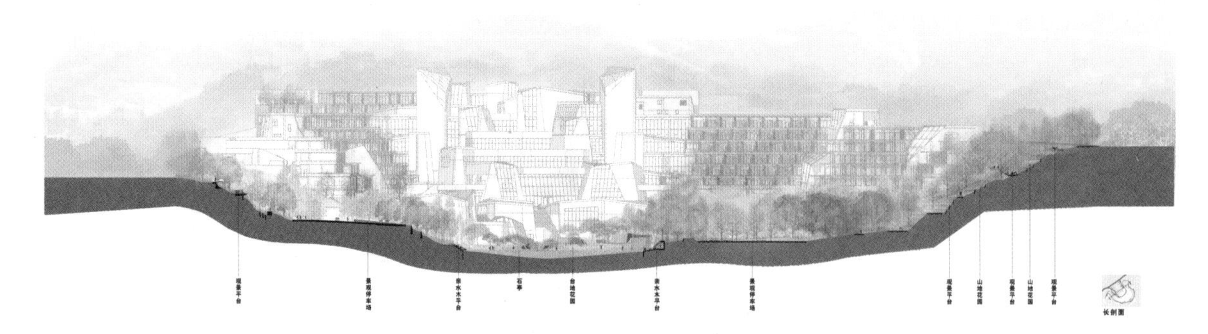

图 4–48 湖景剖面图

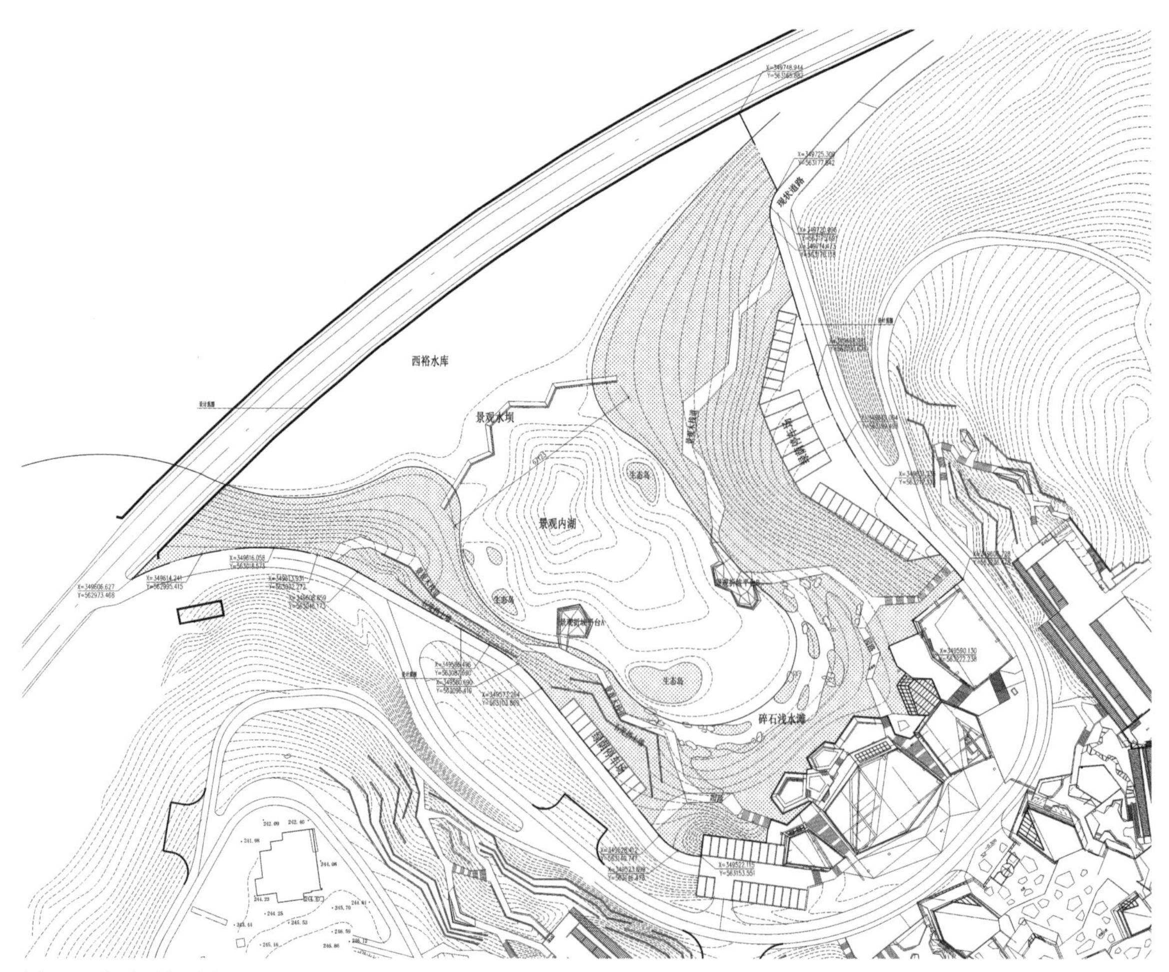

图 4–49 总平面施工图 · 扫描本书封底二维码，公众号后台发送“风景园林”，获取高清大图

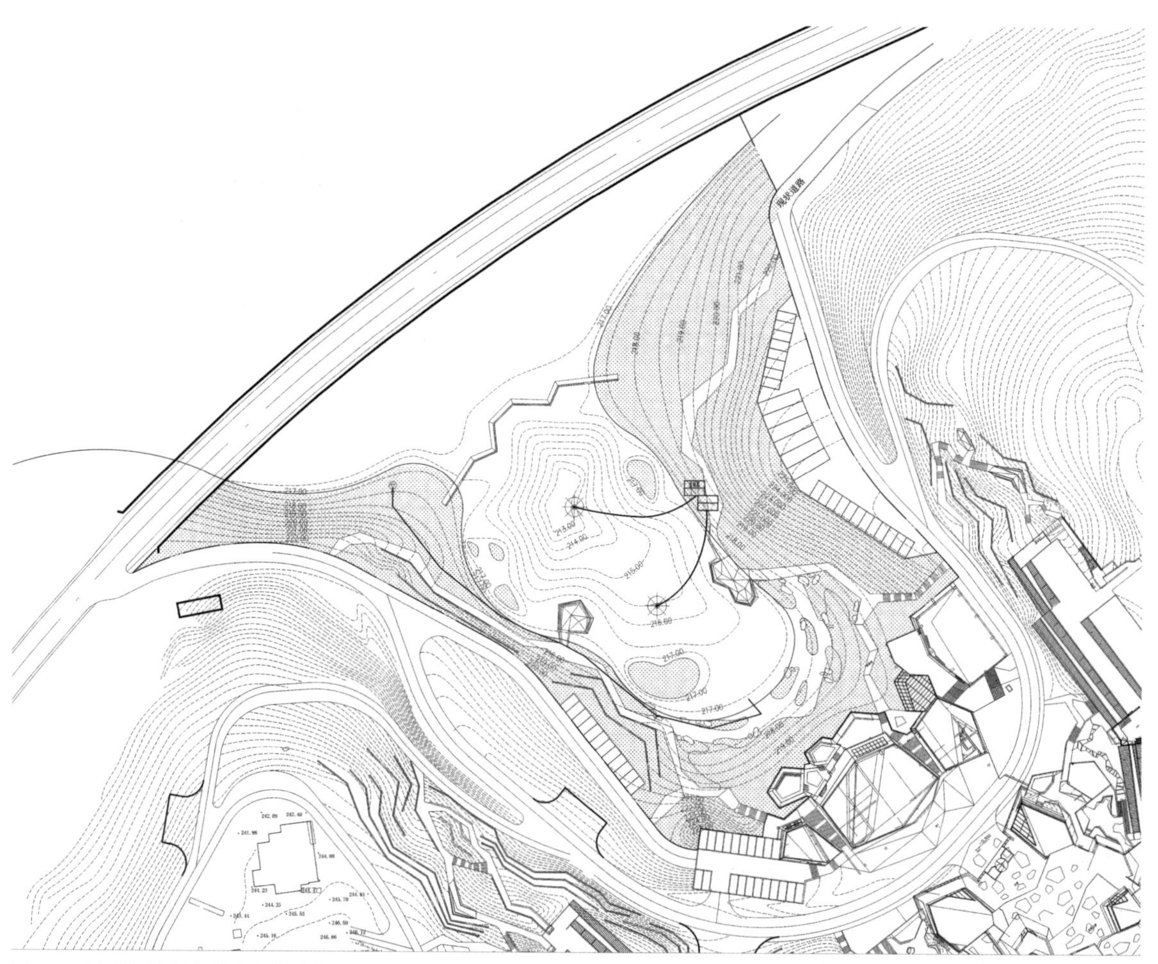

图 4-50 景观湖给排水及水净化设备施工图 · 扫描本书封底二维码，公众号后台发送“风景园林”，获取高清大图

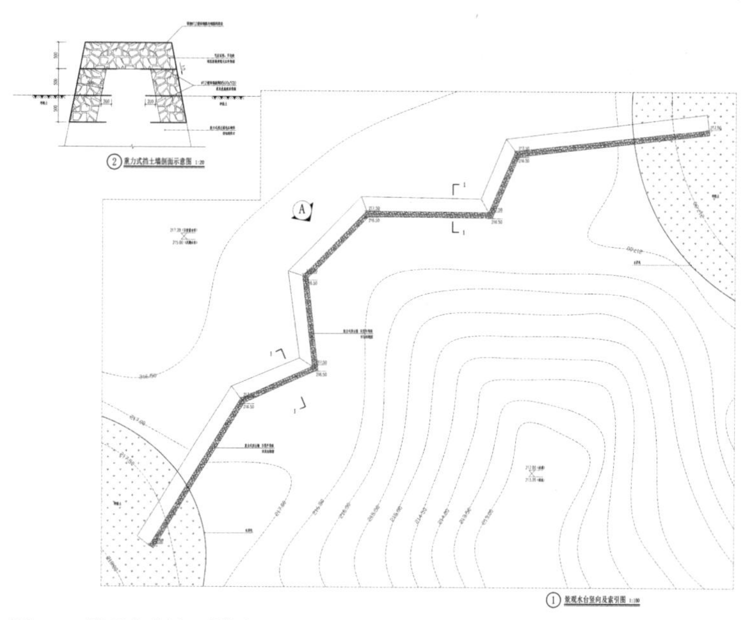

图 4-51 景观水台施工详图 · 扫描本书封底二维码，公众号后台发送“风景园林”，获取高清大图

图 4–52 湖景建成前后对比

图 4–53 湖景效果图

（2）建筑与山体景观化

景观设计重视建筑、周边环境及自然环境之间的衔接与画面感。项目的主体建筑如磐石般坐落于半山，建筑两侧的客房区臂展至山腰两端，尽可能减轻建筑的体量感，减弱建筑对环境的影响——将客房区各层的室外疏散楼梯通过景观设计手法，转化为错落于山坡间的坡道、游径与观景休闲平台，并与挡土墙及植被组成山地花园。同时，依照山、水、建筑及周边环境的视线关系形成不同视觉场景的景点与观景点，并与步行路径串联成系统的游赏路线（图 4-54 ～图 4-56）。

将生态工程与造景结合，采用生态手段对原有山体进行修复，包括运用石笼挡墙、生态护坡草毯、透水铺装、雨水花园等措施，达到固土、减少地表径流、管理雨水、过滤砂石枯叶、防止水土流失等目的（图 4-57）。将当地山石碎料装填入石笼，构筑生态挡墙。在挡土墙、建筑外立面种植地锦等攀缘植物，在石笼挡墙（图 4-58）内添加乡土攀缘植物及草籽组合，尽可能通过植物生长隐藏人工痕迹，让建筑掩映于自然之中（图 4-59）。

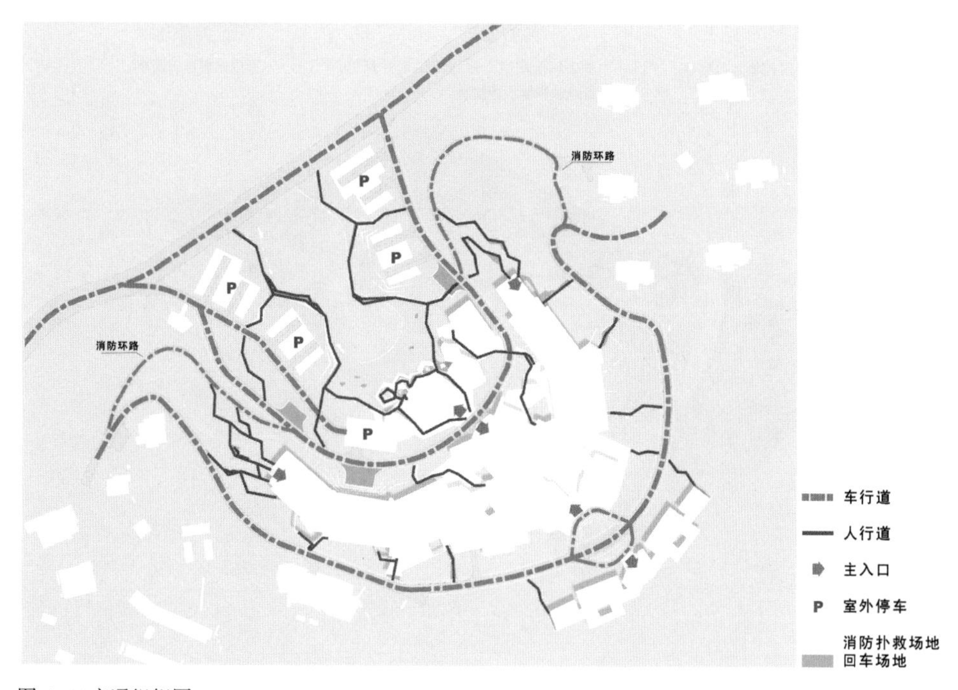

图 4–54 交通组织图

图 4–55 视线分析图

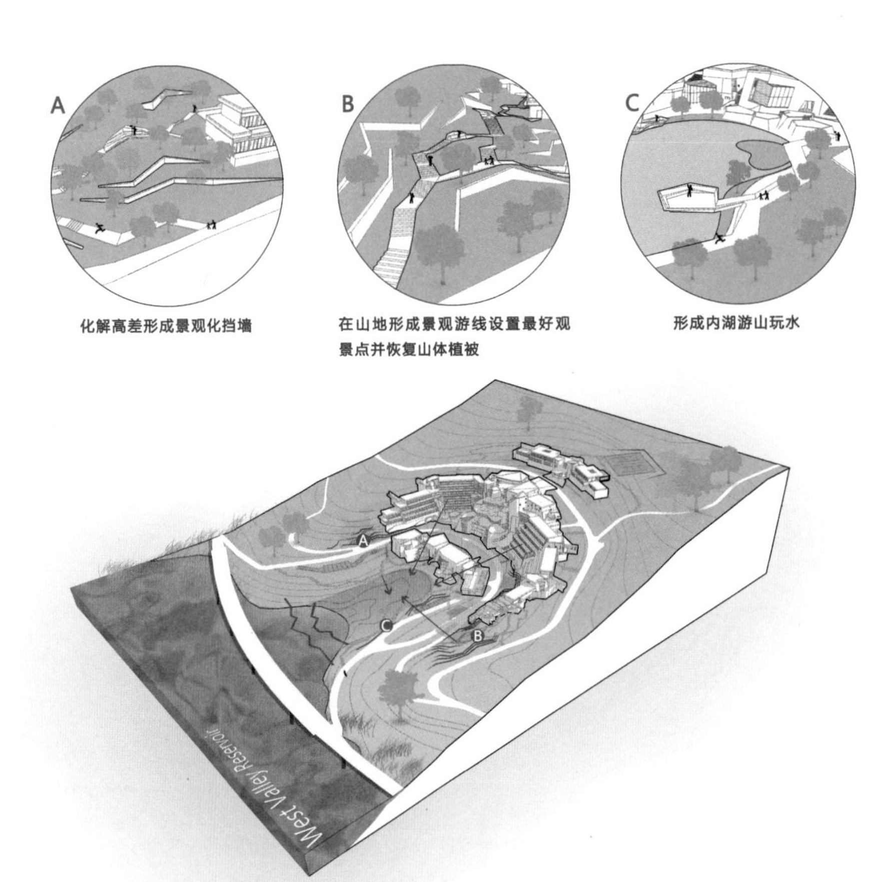

图 4-56 化解高程，组织景观游线

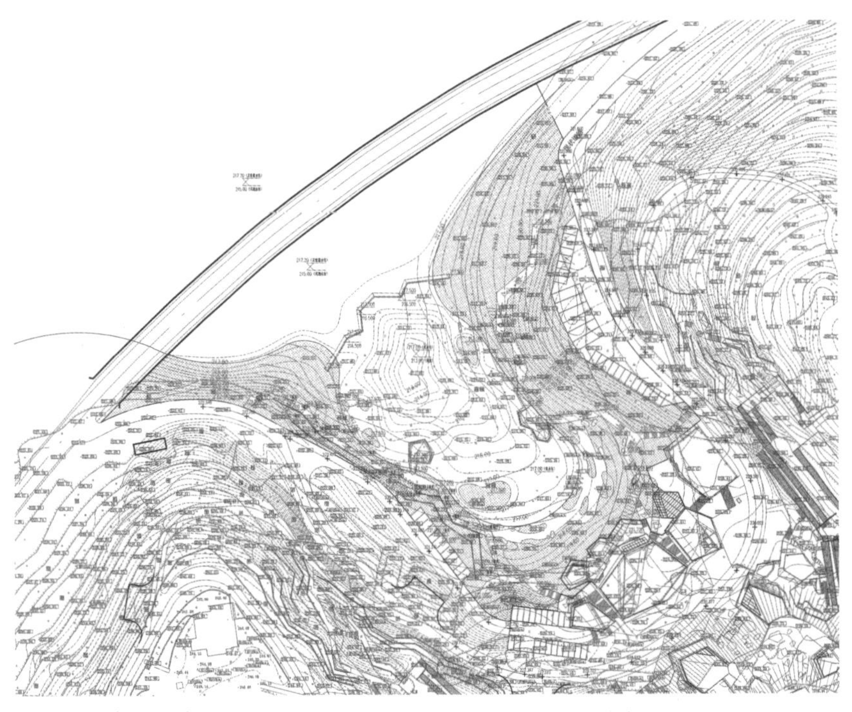

图 4-57 竖向施工图 · 扫描本书封底二维码，公众号后台发送“风景园林”，获取高清大图

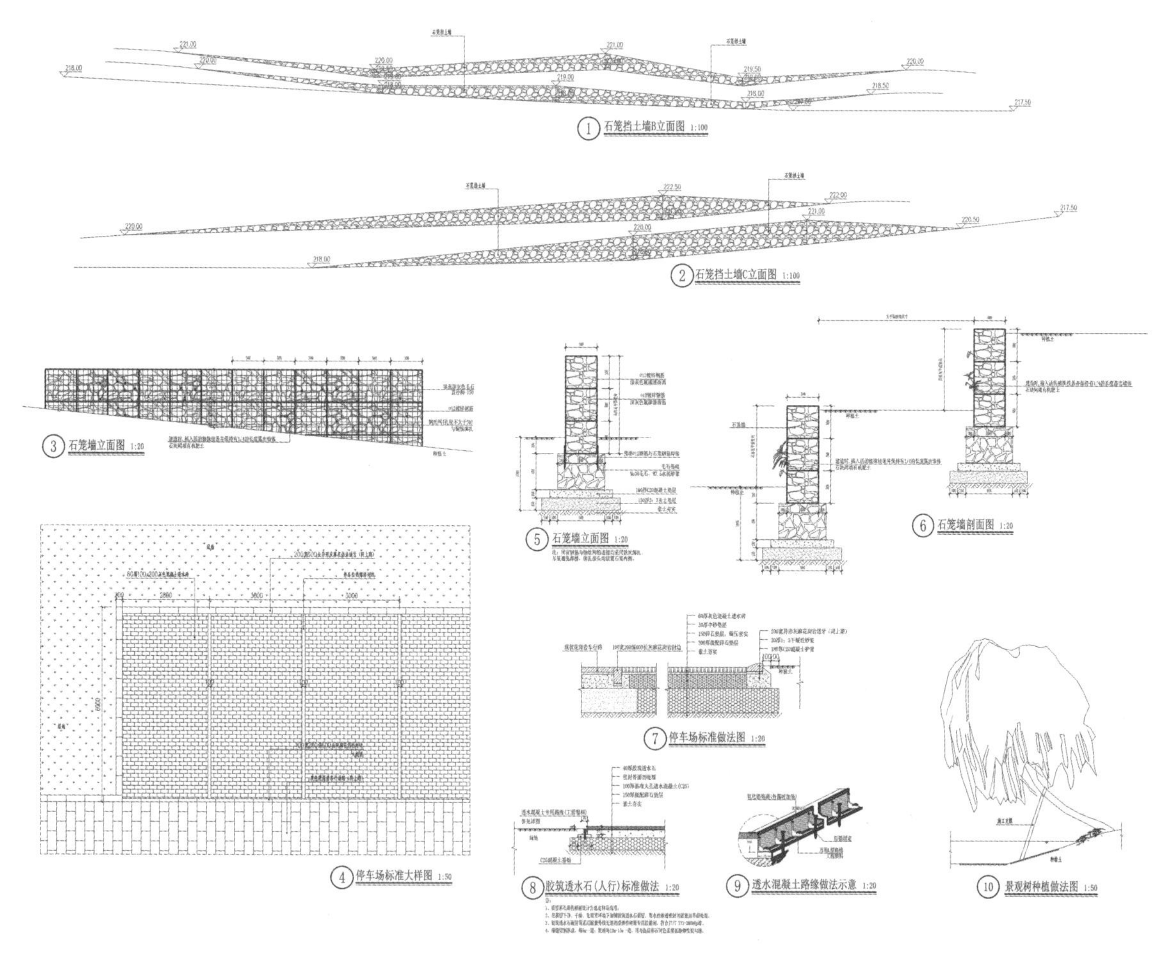

图 4-58 石笼挡墙及铺装施工详图 · 扫描本书封底二维码，公众号后台发送“风景园林”，获取高清大图

图 4-59 台地花园效果图

（3）内庭设计化解建筑体量

为便于居住者游赏，在主体建筑北入口两侧可由台阶至各层屋顶花园，散落在建筑夹缝中的19个室外庭院形成不断变化的空间片段（图4-60～图4-63）。这里是人们独处、小聚、攀谈的场所，延续山地设计手法，让自然渗透、流淌到建筑之中，建筑与山林穿插交融。木地板沿建筑的轮廓线从地面掀起，形成折面，组成挡墙、花池、树池及座椅，使游人远离危险地带，聚拢在安全且视觉良好的区域，营造现代园林中让人轻松自在的游赏环境。此外，多样化的场地可以举办各种形式和规模的活动，为酒店带来经济收益，将场所转化为生产力。

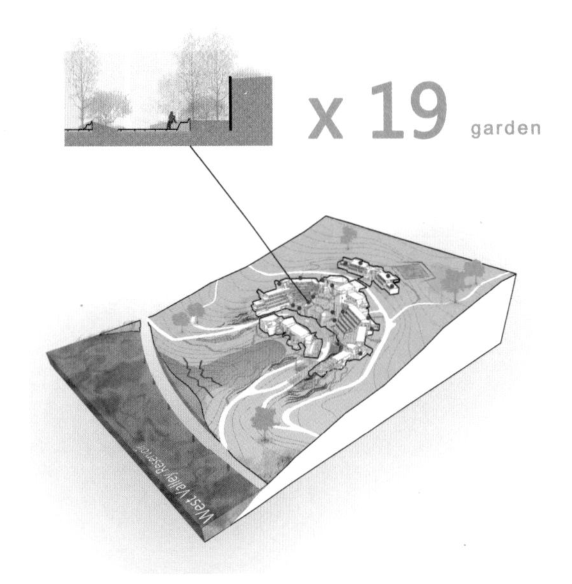

图4-60 中庭花园化解建筑体量

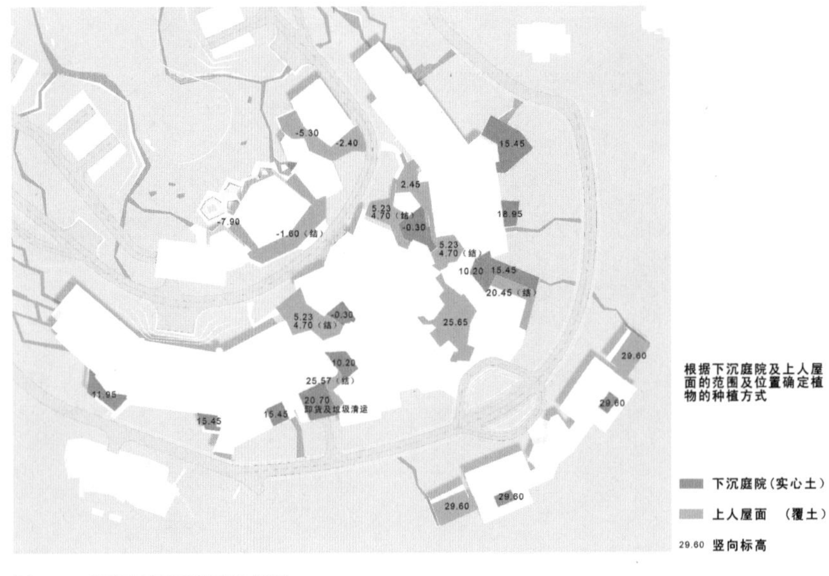

图4-61 庭院及屋顶花园分析图

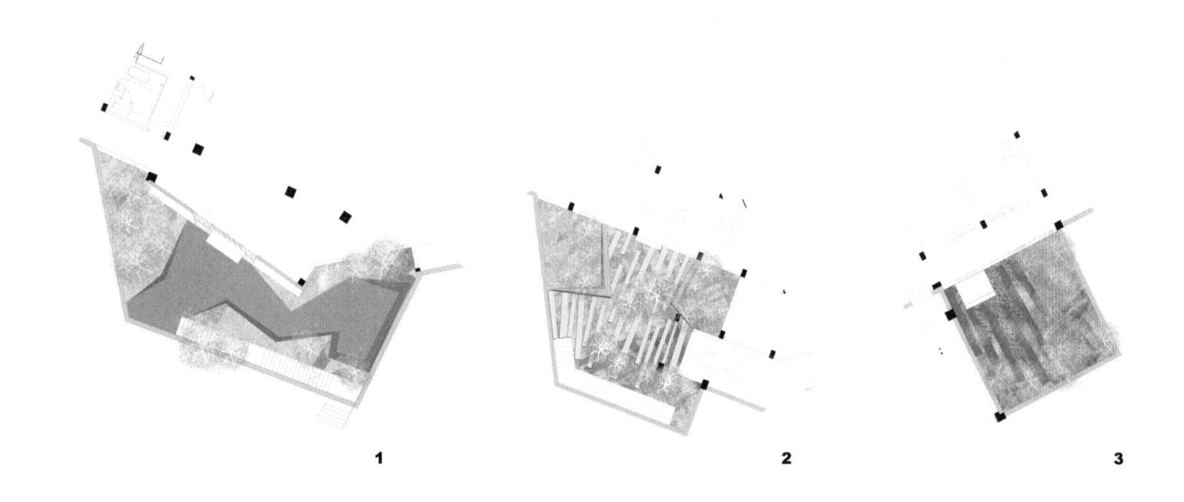

图 4-62 中庭平面图

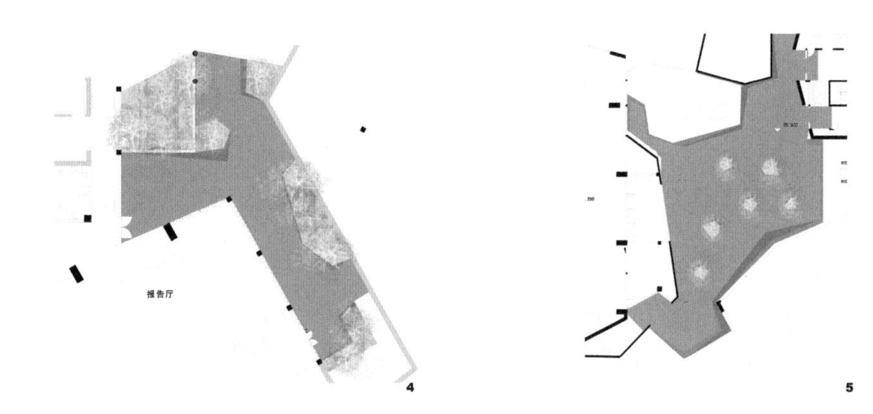

图 4-63 小院平面图

项目中应用了预制再造石艺术混凝土（宝贵石艺），这种新型人工合成材料经济美观，并可以大量消化工业废料，具有板薄、质轻、幅面大、抗压、抗弯、强度高、耐久性好的特点，可以在色彩、肌理、形状、面幅等方面实现复杂变化的设计意图，三个建筑内庭院的地面铺装和入口区域叠水墙饰面都应用了这一材料。在设计施工期间，为解决室外铺装的坚固和防滑问题，设计者尝试不同肌理，最终选择地面上的树影作为肌理，使庭院铺装与建筑和周边环境完美融合（图 4-64 ～图 4-68）。

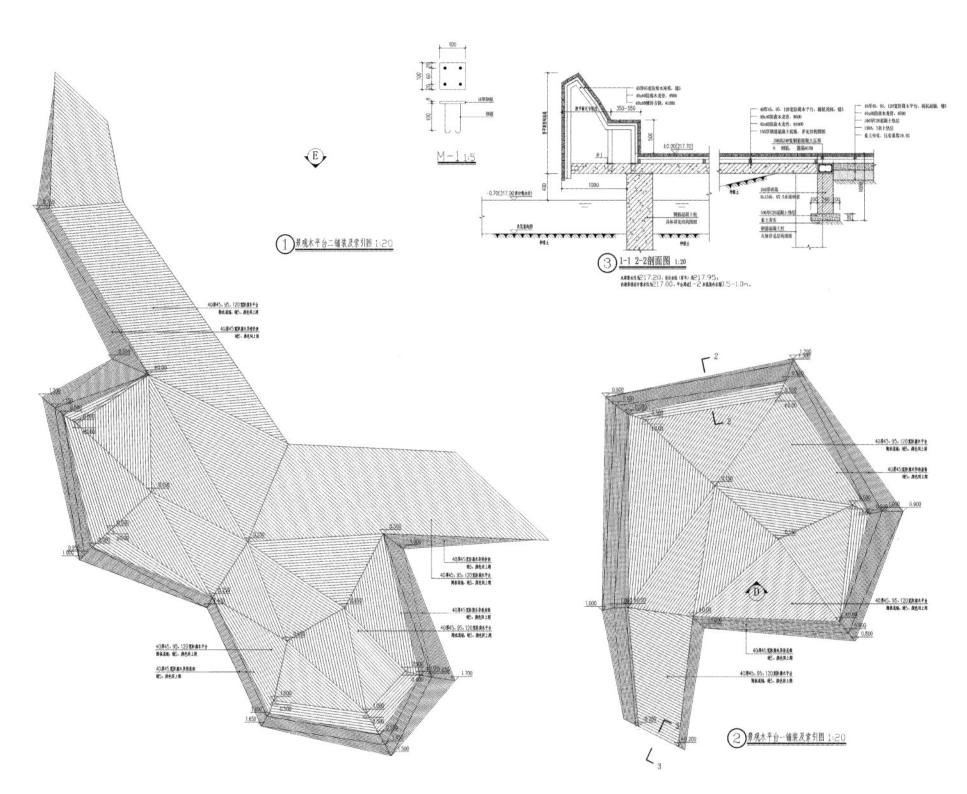

图 4-64 景观木平台施工详图 · 扫描本书封底二维码，公众号后台发送“风景园林”，获取高清大图

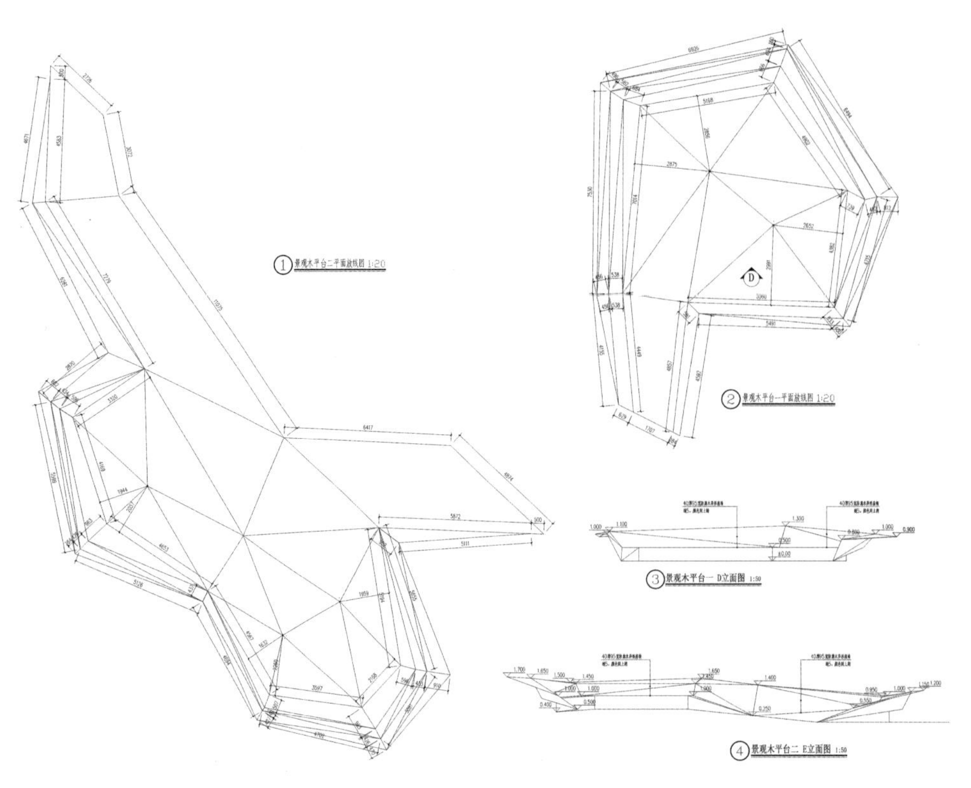

图 4-65 景观木平台放线及立面施工图 · 扫描本书封底二维码，公众号后台发送“风景园林”，获取高清大图

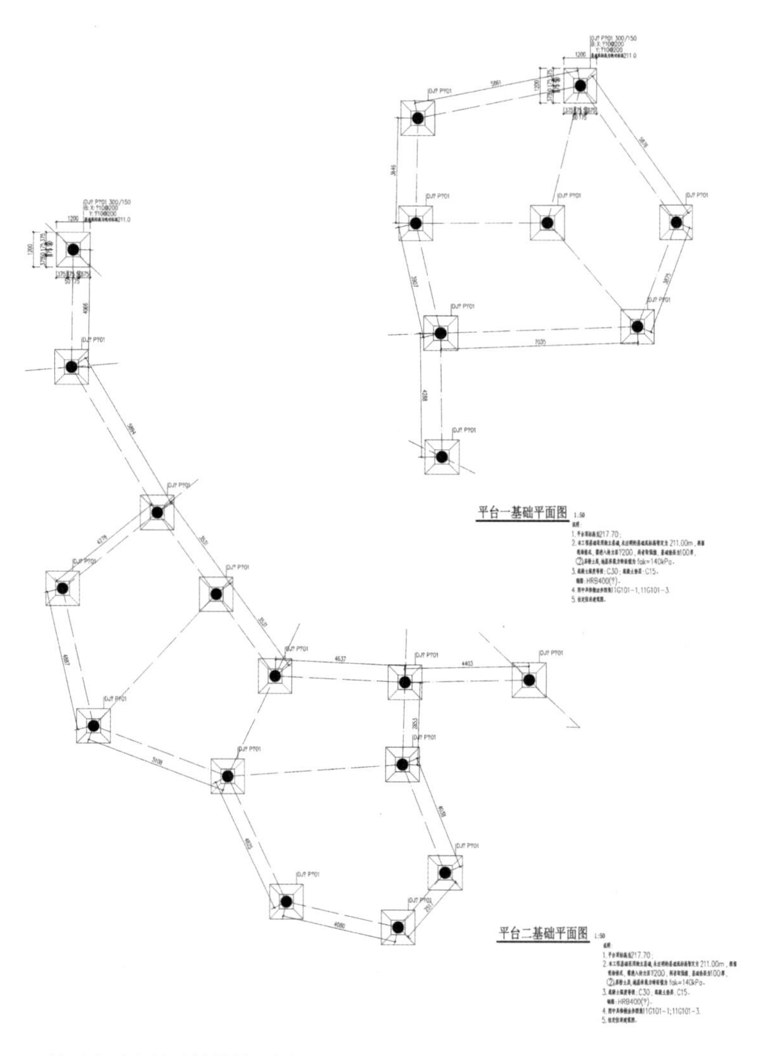

图 4-66 景观木平台基础结构施工图 · 扫描本书封底二维码、公众号后台发送“风景园林”，获取高清大图

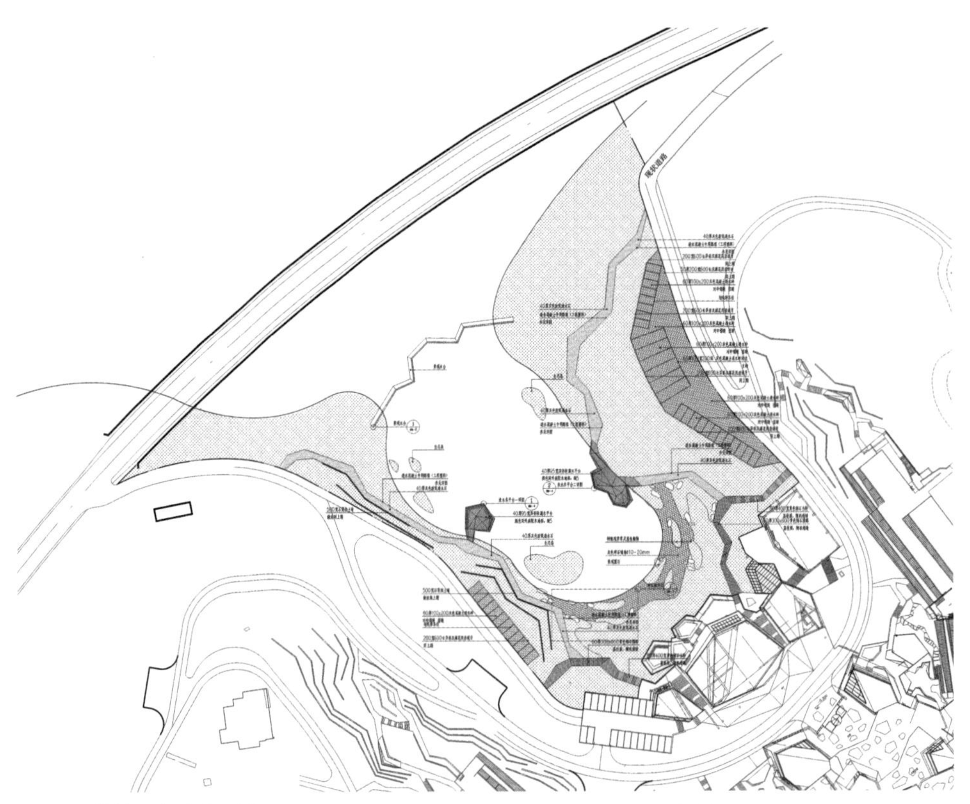

图 4-67 铺装及索引施工图 · 扫描本书封底二维码，公众号后台发送“风景园林”，获取高清大图

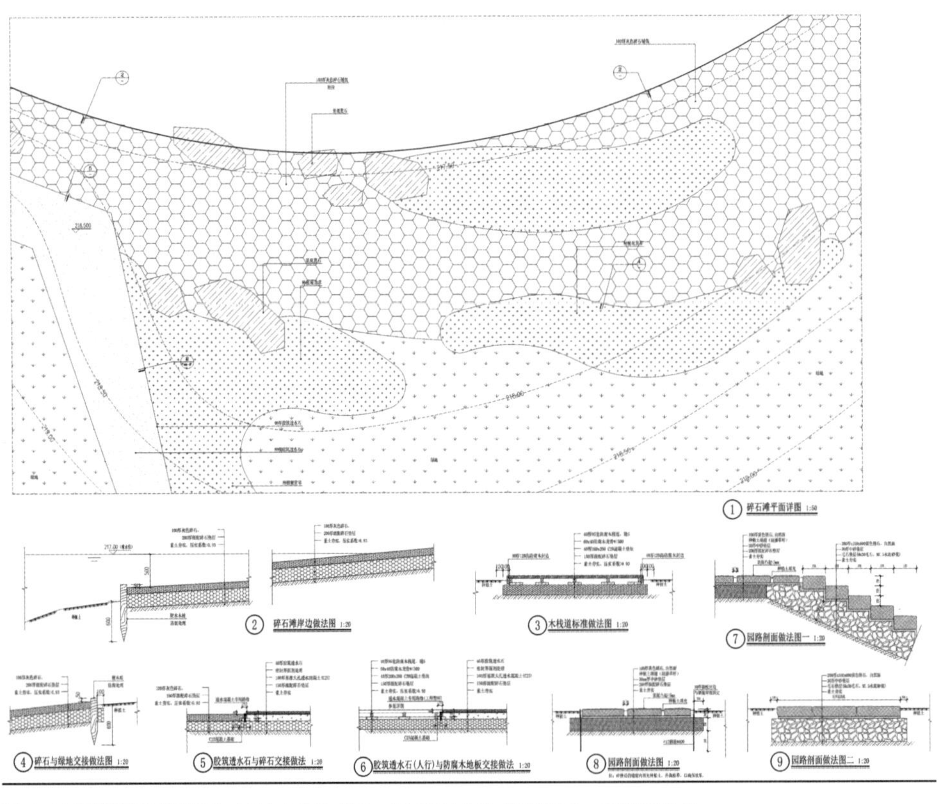

图 4-68 铺装做法施工图 · 扫描本书封底二维码，公众号后台发送“风景园林”，获取高清大图

（4）植物种植因地制宜

树种经过精心选择，使园中之景可“应时而借”，时令不同，园内湖光山色也呈现出不同的景象和韵味，产生了丰富的美感和深邃的境界。项目尽可能地保护了原生乔灌木林，就地造景。栽植周边原生山野植物及岩生植物在场地内进行繁衍，达到充分融入山水环境的效果（图 4-69 ～图 4-71）。在项目实施过程中，设计者将其他地方移除的植物移植到了园区适宜的位置。

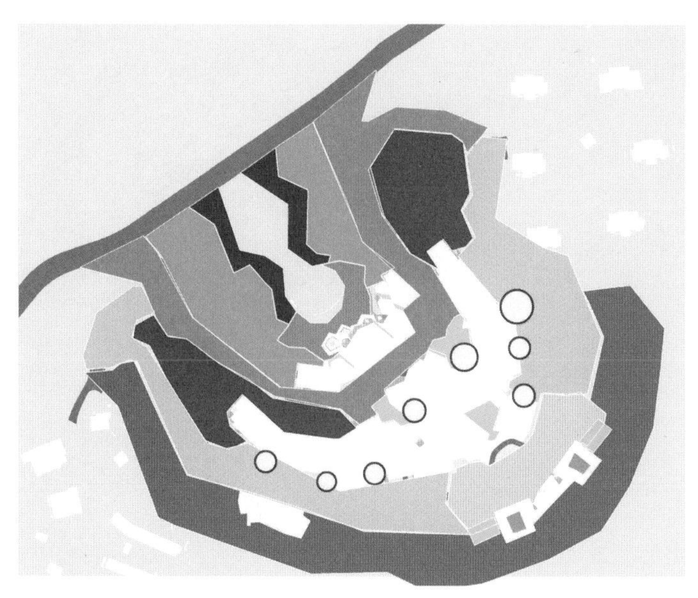

图 4–69 植物种植分析图

庭院绿化：不同的庭院种植不同的观赏乔木，形成各具特色的植物景观。

屋顶绿化：种植宿根花卉和观赏草，令屋顶充满自然趣味。

中庭绿化：以造型观赏乔木及竹子形成美丽、安静的庭院景观。

依据建筑及现有场地条件，进行植物配置。乔木、灌木、地被相结合，形成多层次的植物景观，增加绿化量。植物以乡土植物为主，点缀造型优美的观赏树种，节约资源，达到景观效益最大化。

沿湖植物带：以夏季植物为主的水岸景观，沿湖种植水生花卉，在夏季形成富有生气的植物景观。

树荫停车场：种植高大庭荫乔木，形成林下停车场。

观景缓坡：冷季型草坪缓坡没入水中，依据地形，点缀优美的造型树，形成如画一样的植物景观。

春季景观：成片种植春季开花树种，如海棠、山荆子等，在春季形成一片山花烂漫的植物景观。

主入口植物景观：在台地外侧种植白桦，内侧种植造型紫薇，形成大气的植物景观。在台地对面，以组团种植的方式进行绿化，形成层次丰富的对景。

秋景林：以不同品种的秋季植物组成的背景林。

道路绿化 1：以开花乔木形成一条美丽的花路景观。

道路绿化 2：以高大乔木自然组团式密植在道路两侧，形成一条舒适的林中道路。

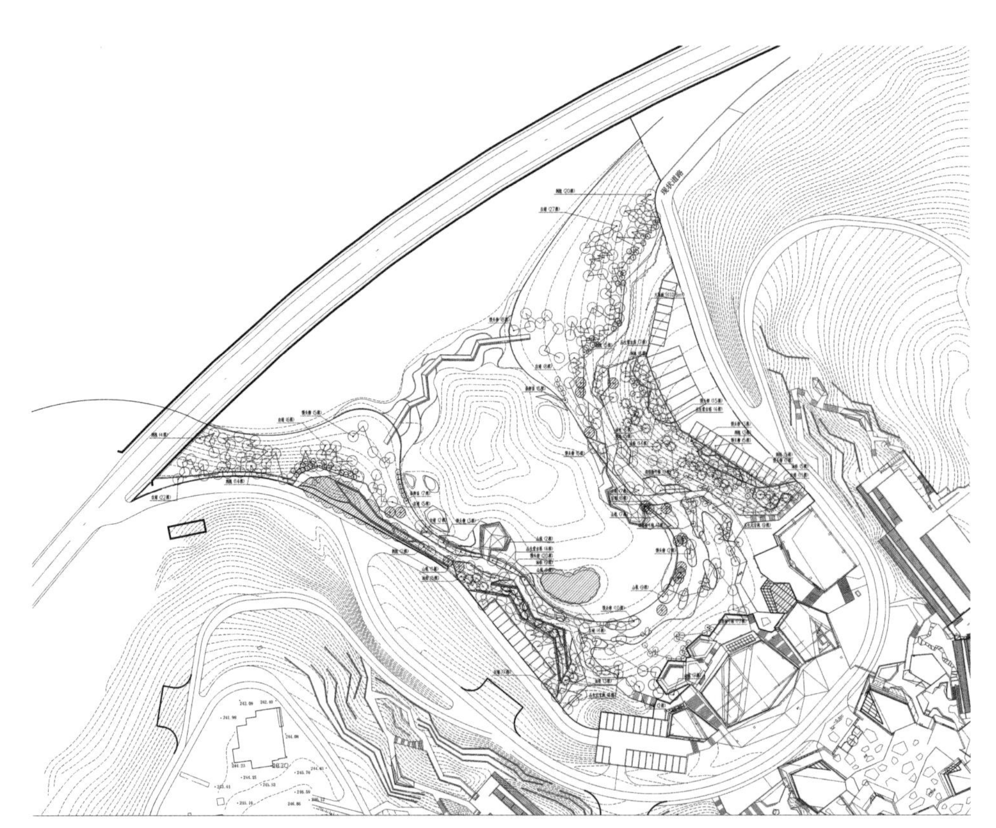

图 4-70 乔木种植施工图 · 扫描本书封底二维码，公众号后台发送“风景园林”，获取高清大图

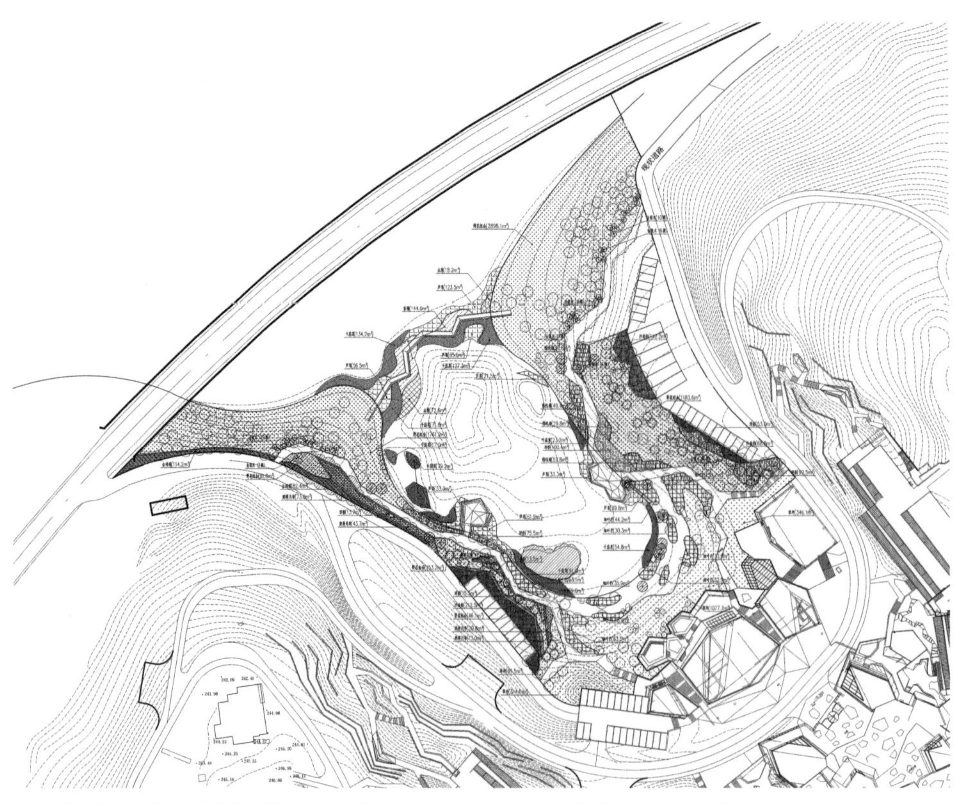

图 4-71 灌木及地被种植施工图 · 扫描本书封底二维码，公众号后台发送“风景园林”，获取高清大图

五、实施效果

“隐身”是一种不追求炫技、刻意突出景观设计方自我意志的选择。“百姓日用而不知”（《周易·系辞》），谓“道”之难为百姓所知。这里化用其意，即让“道”融于日常生活，成为百姓日常生活的一部分。为此，我们追求以平易、谦和的姿态，不着痕迹地浸润，使景观成为享用者的日常，成为其生存环境的有机部分，从而让设计者的专业成果有效而不失张扬地深度介入公众生活。

由于项目涉及从山地到水边多样化的生境，为了还原并构建良好而丰富的生态系统，设计不仅限于短时间对现场的设计及调整工作，还对场地内湿地、中风化岩和微风化岩的水土保持及生态修复、地被野花演替及优化、山体排水和雨水利用等多方面进行了长期的跟踪研究，同时对现场地形的塑造、硬景的形式与位置、苗木与种植点的选择也做了重点推敲，最终确保了整个设计在人工与自然间自然地衔接与转换，浑然一体（图 4-72 ～图 4-75）。

在具体工作中，设计追求“无我”的境界，在多方合作的项目中甘于承担隐形的协调者角色；不预设立场，力求消弭各合作方之间的冲突；吸纳不同专业领域的资源，将其作为景观设计的营养，经由改善城市生态而改善人们的生存状态，潜移默化地重塑居住者对环境、对人与自然的认知。

图 4–72 湖岸远眺

图 4-73 石笼挡墙、台地、植物与酒店客房融为一体

图 4-74 嵌入建筑中的休息平台

图 4-75 不同季节的下沉小院景观

CHAPTER

5

第五章

城市公共空间景观设计实践涉及城市中的广场空间、街道空间、游园空间等，这类空间像城市的毛细血管一样遍布蔓延，是城市呼吸的通道，也是城市活力的源泉。尤其对于高密度的城市区域来讲，公共空间不可或缺，是人居环境品质提升的基础。近几年，很多大城市在应对“城市病”蔓延与可持续发展的问题上，提出了符合国家战略思想定位的疏解整治的有效手段，如北京、上海、杭州，都是在大城市现代化治理过程中走在最前端的城市。北京在城市环境整治提升方面，提出了背街小巷是城市管理的薄弱环节。北京市城市管理委员会网站发布了《首都核心区背街小巷环境整治提升三年(2017—2019年)行动方案》，为创建文明街道、美丽街道而努力。

城市公共空间景观设计方法与实践

第一节
城市公共空间景观设计方法

一、城市广场景观设计要点

（1）景观设计特点

城市广场常被誉为城市的“客厅”，是展示城市形象和反映城市文明的窗口，也是城市公共空间的重要组成部分，具有集会、交通疏散、休闲游憩、商业服务及文化宣传等功能，在城市景观中起着重要的作用。城市广场景观应有利于展现城市的景观风貌和文化特色，至少应与一条城市道路相邻，可结合公共交通站点、公共管理与公共服务用地、商业服务业设施用地、交通枢纽用地、公园绿地和绿道等布置。随着城市的飞速发展，居民对户外空间需求不断增长，城市广场景观设计是适应新时代居民审美与空间需求的重要工程。城市广场景观设计在把握城市人文要素的前提下，将地域特色和现代城市功能相结合，要考虑本土历史文化的传承和发展，利用现有地形和自然风貌形成当地的地域特色环境，并与城市氛围相融合。

（2）设计难点

城市广场景观设计难点在于，它肩负着传播区域文化、提供休闲娱乐空间的责任，并应体现地域性。能否将地域特色融入城市广场景观设计中，决定了市民是否会产生地域认同感。

规划新建单个广场的面积应符合表 5-1 的要求。另外，城市广场的整体规模通常不大，各类景观要素的细节设计尤为重要，如广场植物种植设计，由于广场硬质铺装面积所占比例较高，且没有围合空间而缺少私密性，因此，需要合理设计高大乔木，在遮阴的同时满足通行与停留的需求。尤其在夏天日照强烈的时间段，更需要依靠广场上的植物景观提升舒适度。除此之外，还应满足使用者的娱乐、休闲、交流的需求，景观设计中应将植物、硬质铺装和小品巧妙融合，从而创造出自然和谐的户外环境。城市广场景观庇荫主要使用高大乔木，并在下方放置树池和坐凳，为人提供舒适的停留休憩空间。广场用地的硬质铺装面积比例应根据广场类型和游人规模具体确定，绿地率宜大于 35%。城市广场中健身区域主要设置公共运动器材设施，满足周围居民的锻炼健身需求，四周可种植乔木绿篱作为景观环境围合。广场休息区主要通过花架等公共设施为人们提供休息交流的场所，周边留有一定的硬质铺装空间，可栽种适合欣赏和闻香的植物品种。广场用地内不得布置与其管理、游憩和服务功能无关的建筑，建筑占地比例不应大于 2%。另外，城市广场景观设计应鼓励公众参与，在尊重民意的同时又体现市政文化要求。

表 5-1 新建单个广场面积要求

规划城区人口（万人）	面积（hm^2）
＜20	≤1
20～50	≤2
50～200	≤3
≥200	≤5

二、滨水空间景观设计要点

（1）景观设计特点

滨水空间往往与一座城市的传承和发展密切相关，滨水空间作为水的衍生空间，也是城市公共空间的重要组成部分，又是城市休闲游憩的“后花园”和城市文化的“博物馆”。因此，滨水空间景观营造显得尤为重要，不仅能够提升城市的形象，带动城市经济的发展，也能提高城市旅游观光的吸引力。作为兼具自然景观和人文景观作用的滨水空间，不同的地域文化和不同的气候条件，使滨水空间景观设计需要综合考虑水岸环境，营造城水相依、人与自然和谐相处的宜人空间。在规划滨水空间景观时，对原有水体水系应遵循保护为主、合理利用的原则，尊重水系自然条件，切实保护和修复城市水系及其空间环境。良好的滨水空间营建还可以提高绿地资源利用率，提升城市魅力，从而创造更多的经济价值与生态效益。

滨水空间景观规划设计，首先要考虑整体性的理念，滨水区作为城市的重要组成部分，其设计主题要与城市的发展理念相符合，在突出滨水空间特色的同时，重点优化城市整体风貌。滨水空间景观在规划设计时，首先应贯彻落实绿色发展理念和海绵城市建设要求，促进雨水的自然积存、自然渗透、自然净化；满足内涝灾害防治、面源污染控制及雨水资源化利用的要求。其次要考虑生态优先原则，因为滨水空间建设是人为改造自然环境的一种，在改造过程中要始终以保护环境为基本原则。在滨水空间的景观改造设计中，应将对自然环境生态的影响降到最小。同时，景观设计要兼具人性化理念，其设计的根本目的是服务城市居民，满足居民对生活环境和休闲娱乐的需求。最后，滨水空间景观应体现城市历史文脉，凸显传承和发展城市文化的重要理念，让文化融入设计中。

（2）景观设计难点

滨水空间景观设计难点主要是平衡自然景观和人工景观的和谐。自然景观包括各类水系及植被、地形地貌等；人工景观主要指一些公共开放的区域。滨水空间景观规划设计，首先要考虑水系统的安全问题，包括洪涝灾害、排洪灌溉等，这些是滨水空间开发建设的基础。在滨水空间景观设计中要坚守安全性原则，充分发挥水系在城市给水、排水、防涝和防洪中的作用，确保城市饮用水安全和防洪排涝安全。另外，滨水空间应表现人工景观的魅力和自然景观的壮丽，体现出人与自然和谐相处的理念，促进城市生态系统和人工建设系统的融合。同时，在滨水空间景观规划设计中要维护水系生态环境资源，保护生物多样性，修复和改善城市生态环境；确保水系空间的公共属性，提高水系空间的可达性和共享性；体现地方特色，强化水系在塑造城市景观和传承历史文化方面的作用，形成有地方特色的滨水空间景观，展现独特的城市魅力。城市滨水区的形态与水体有关，不同的水体造就了不同形态的滨水区。在规划设计滨水空间景观时，应将水体、岸线和滨水区作为一个整体进行空间、功能的协调，合理布局各类工程设施，形成完善的水系空间系统。城市水系空间系统应与城市园林绿化系统、开放空间系统等有机融合，促进城市空间结构的优化。由于滨水区是开放的区域，因此，开放性、识别性和可达性是重点研究对象。在滨水空间景观规划设计中也要统筹考虑流域、河流水体功能、水环境容量、水深条件、排水口布局、河道两岸及水下部分的竖向关系等因素，在滨水绿化控制区内设置湿塘、湿地、植被缓冲带、生物滞留设施、调蓄设施等低影响开发设施。保护水体涨落带，保持自然生态特征。

三、街道空间景观设计要点

（1）景观设计特点

街道空间是城市景观的重要组成部分，是人们在日常生活中进行各种活动的场所，街道景观的提升有助于改善城市环境、提高市民居住的舒适度。其绿化和景观设计应符合交通安全、环境保护、城市美化等要求，量力而行，并应与沿线城市风貌协调一致。街道景观设计需要符合当地居民的行为模式和区域景观特征，再结合当地历史文化，突出街道空间的场地归属感，为人们提供精神享受的活动场所。因此，在街道空间景观设计中，需要考虑地形高差、绿化、建筑、路面、小品、交通设施、城市家具等景观要素，以及适宜的空间尺度和高质量的景观品质。首先，街道空间景观应尽量避免其他事物阻挡人们的视线，在节点处设计视觉焦点景观，不仅能够起到引导作用，也能突出城市空间特征。对于城市街道空间中的常见节点，如交叉口、人行桥或重要构筑物的转折点，应考虑景观对空间方向引导性的要求，在节点处形成具有标志性的景观。其次，需要科学地布置节点，增强街道空间的节奏感和韵律感，通过景观设计为道路空间带来韵律感和层次感，缓解人们的疲劳情绪。最后，在街道空间景观设计中可以考虑铺装与植物树木结合，通过硬质和绿化的对比营造出更加具有特色的道路景观，也能通过运用不同植物种类构建具有生命力的独特景观。同时，在街道空间景观设计中，景观配植应选择能适应当地自然条件和城市复杂环境的地方性树种，应避免不适合植物生长的异地移植。设置雨水调蓄设施的道路绿化用地内，植物宜根据水分条件、径流雨水水质等进行选择，宜选择耐淹、耐污等能力较强的植物。

（2）景观设计难点

街道空间一般以狭长空间为主，具有纵深感和透视感，空间宽度缺少变化，所以，如何根据街道空间安排使用功能，并按照人的游览心理对空间景观进行合理排布是设计的难点。首先应增加街道景观的层次和深度，与周边建筑立面和建筑功能有机结合，避免街道空间的单调性，创造趣味性。另外，街道空间要处理好步行空间与停留空间的关系，根据周边城市用地情况合理安排各类景观功能，形成富有节奏感的空间体验。当街道路侧绿带宽度大于 8 m 时，可设计成开放式绿地。在开放式绿地中，绿化用地面积不得小于该段绿带总面积的 70%。当路侧绿带与毗邻的其他绿地一起辟为街旁游园时，其设计应符合现行行业标准《城市道路绿化规划与设计规范》（CJJ 75—97）的规定。行道树绿带种植应以行道树为主，并应将乔木、灌木、地被植物相结合，形成连续的绿带。在行人多的路段，行道树绿带不能连续种植时，行道树之间宜采用透气性路面铺装。树池上宜覆盖箅子。行道树定植株距，应以其树种壮年期冠幅为准，最小种植株距应为 4 m。行道树树干中心至路缘石外侧最小距离宜为 0.75 m。行道树苗木的胸径，快长树不得小于 5 cm，慢长树不宜小于 8 cm。行道树应选择深根性、分枝点高、冠大荫浓、生长健壮、适应城市道路环境条件，且落果对行人不会造成危害的树种。花灌木应选择花繁叶茂、花期长、生长健壮和便于管理的树种。绿篱植物和观叶灌木应选用萌芽力强、枝繁叶密、耐修剪的树种。地被植物应选择茎叶茂密、生长势强、病虫害少和易管理的木本或草本观叶、观花植物。其中，草坪地被植物应选择萌蘖力强、覆盖率高、耐修剪和绿色期长的种类。最后，街道空间景观设计需要鼓励公众参与，全民共建，只有这样才能更好地形成从改造设计到维护管理的完整运行体系，让街道空间景观如绿色的毛细血管一样，渗透进城市的每个角落，实现绿色可持续的城市微更新。

四、城市公共空间景观案例解析

（1）澳大利亚悉尼达令港（Darling Quarter）城市广场（图 5-1 ～图 5-3）

项目位置：澳大利亚·悉尼

完成时间：2011 年

项目规模：1.9 hm^2

设计公司：ASPECT 工作室

图 5-1 澳大利亚悉尼达令港城市广场

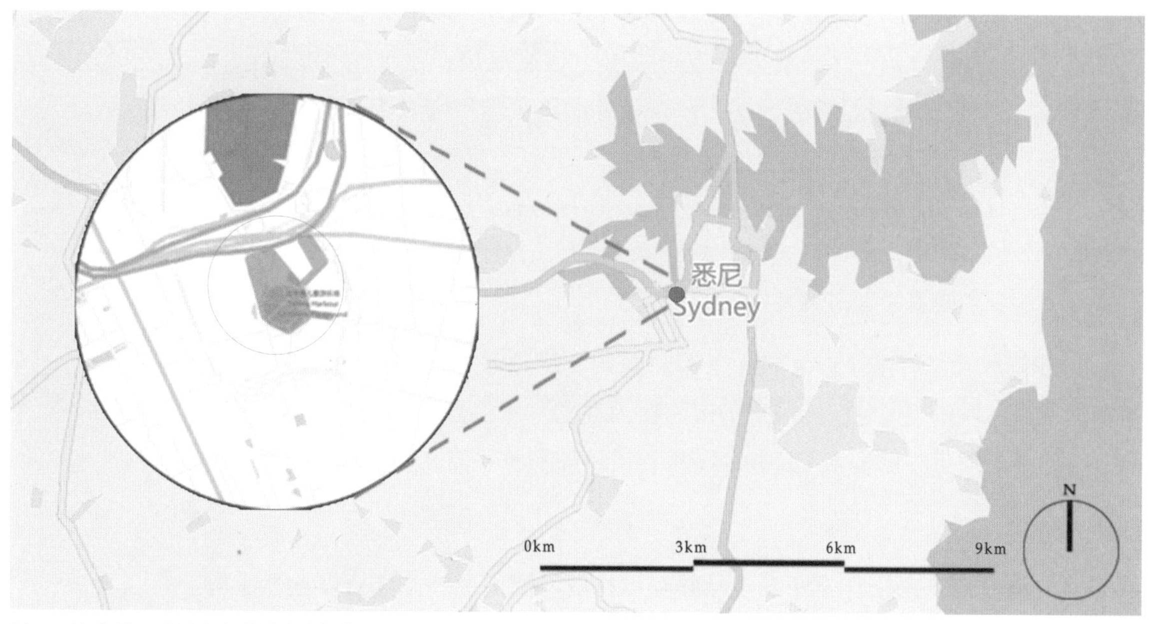

图 5-2 澳大利亚悉尼达令港城市广场位置图

图 5-3 澳大利亚悉尼达令港城市广场红线范围图

① 项目背景

达令港城市广场位于澳大利亚新南威尔士州悉尼市，占地约 1.9 hm^2，2011 年竣工。项目北侧是著名的达令港，南邻中国花园和唐人街，周围还有住宅楼和船舶博物馆。此项目是一个多元化的中央商务区，包括餐厅、酒吧、咖啡厅、六星级商业写字楼和一个公共公园。整个项目为城市居民和游客提供了更好的家庭户外活动场地，促进了居民的交流互动，是悉尼最新和最充满活力的社区之一，为达令港吸引了很多游客。

达令港成功地打造了南北向、东西向两条人行走廊，连接起市中心、唐人街和海扇湾。城市居民与游客可以沿街购物、观光、品尝美食，尽情享受休闲生活。这两条人行走廊也组成了公共空间规划设计的主要框架。

② 设计理念

达令港城市广场设计强调景观品质和可持续发展的原则，其建设加强了海滨区域和城市中心的联系，使得整个达令港地区焕发了生机。

达令港城市广场是一个可以 24 小时使用的户外空间，它为儿童提供了一个天黑后可以游玩的安全场所。广场主要依赖低能耗的公共照明，周围建筑立面安装了大型互动式灯光装置，由 557 个 LED 灯组成，形成夜晚丰富的变化效果（图 5-4）。

图 5-4 灯光照明

为了凸显港口的特点，广场随处可见以“水”为主题的设计，超过 4000 m^2 的儿童游乐场地设计丰富多样，同时寓教于乐（图 5-5）。场地设计为各个年龄段的儿童提供了富有想象力的交互式、渐进式、启发式、娱乐式的游戏装置，是一个安全玩耍、学习、拓展想象力的游戏场地。

③ 方案设计

功能布局与地形设计

广场主要的儿童游戏区域布局由北至南，根据年龄结构和运动的强烈、难易程度进行设置。其他区域还有贯穿“水”主题的水景景观、大面积草地等，提供适合各个年龄段休息和娱乐的复合型空间。中心大草坪上会经常举行棒球比赛或露天音乐会等，激发了城市的活力，也是城市生活对外展示的窗口。

广场高差变化不大，地形平坦，南部靠近中国花园的硬质广场和大草坪略高，这里也是广场水系的起点，水流变化着流向港口区。在儿童游戏场地，地势东高西低，水流借由地形缓慢向下流动，形成了结合游戏设施的丰富水景。广场清晰、流畅的交通流线将各个空间有序地联动且保持彼此的独立性。

图 5–5 达令港城市广场的儿童游乐场

儿童游戏场地

旱地喷泉以变幻无穷的喷水形态吸引儿童的注意力（图 5-6），让儿童参与创新型的游戏设施是本项目最大的特色。这种富有互动创新性的游戏体验，让孩子们在游戏过程中，自己开发设施的游戏方式，每个孩子都可能玩出不一样的、属于他们自己的游戏（图 5-7、图 5-8）。由于各种尺度设施的亲和性和浅水的安全性，孩子们可以不需家长帮助，独立玩耍，或与其他小朋友一起游戏，配合完成各种设施的探索应用，这也激发了孩子们交往的热情。

图 5-6 喷泉游戏区

图 5-7 水闸游戏区

图 5-8 儿童游戏设施

复合型服务设施

广场设置了充足的满足各种人群使用的功能设施，包括乒乓球台、露天咖啡座（图 5-9）、遮阳伞，以及廊架、露天剧场台阶、座椅等设施（图 5-10）。广场照明设施独具特色，无论投影灯还是结合水景的灯光，都给人以夜晚梦幻般的感受。广场上定期举办各种形式的灯光艺术活动，吸引夜间游人，为城市居民的夜晚生活增添了无穷的活力。

图 5-9 露天咖啡座

图 5-10 游戏设施周边的休息亭

植物种植

广场上种植了大量高大笔直的棕榈，展现了澳大利亚的地域风光，也形成了广场独特的植物景观特色（图 5-11）。棕榈植物视线通透，分枝点高，其间布置着各种功能场地，形成了独特的林下广场活动空间。下层植被以低矮的细叶芒草等观赏草为主，与大草坪空间相结合，营造出不同尺度的空间氛围，同时充满了自然的气息。

图 5-11 棕榈树阵

④其他

达令港城市广场丰富的空间层次和多样的水景设计，打造了细腻的人性化广场空间，赋予了城市广场独特的魅力。在这里，人的活动成为广场不可或缺的景观元素，使广场富有生命力。广场自然化的景观环境打破了城市广场灰色调的一贯认知，不仅成为展现城市生活的窗口，还有效提升了城市空间的活力，使人们的生活变得更加丰富多彩。

（2）德国汉堡港口新城公共空间（图 5-12～图 5-14）

项目位置：德国·汉堡

完成时间：2019 年

项目规模：150 000 m²

设计公司：西班牙 EMBT 事务所

图 5-12 德国汉堡港口新城公共空间

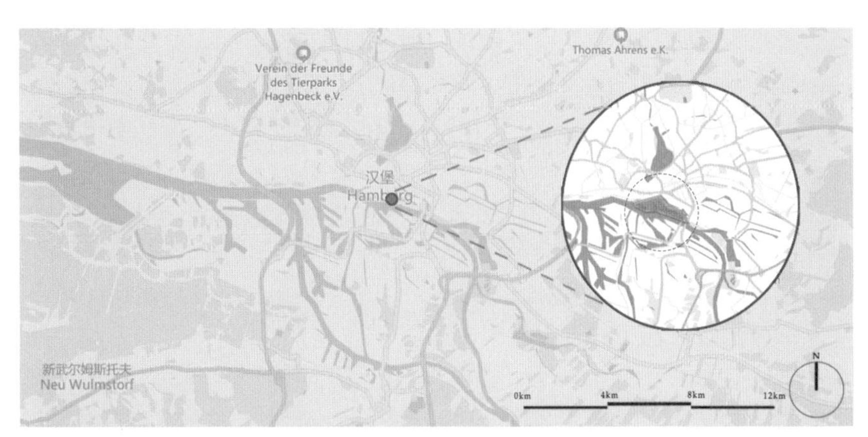

图 5-13 德国汉堡港口新城公共空间位置图

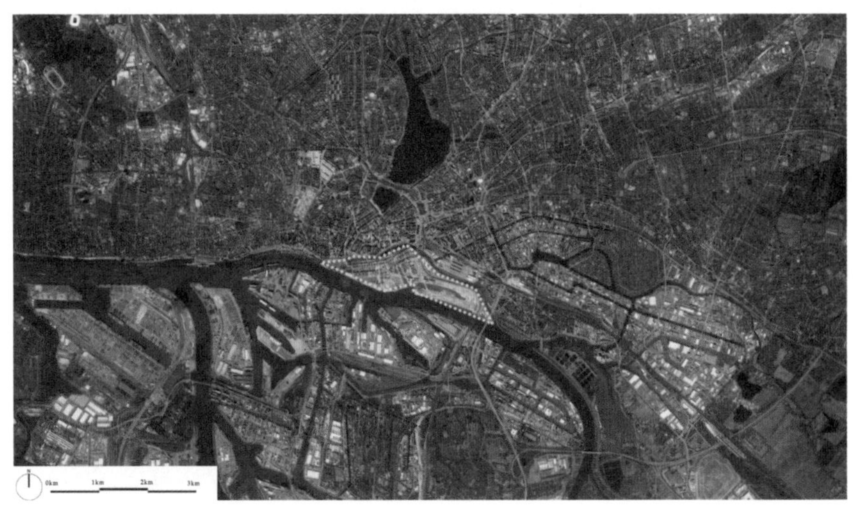

图 5-14 德国汉堡港口新城公共空间红线范围图

① 项目背景

作为欧洲古老且重要的港口城市，汉堡港口发展与城市空间的变迁紧密联系。汉堡港始建于 1189 年，地处欧洲腹地，优越的地理位置使其很快成为从德国通往北欧与西欧的最重要港口之一。在“汉萨同盟”时期，汉堡中心城区和易北河岸形成了完整、有机的城市空间。在二战前期，汉堡港的发展达到鼎盛阶段，汉堡一跃成为德国第二大城市。然而，随着港口与城市公共空间彻底地分离，滨水空间成了生产、装卸、停靠的功能性空间。二战期间，汉堡港遭到破坏，城市也急剧衰落，港口与城市的发展均陷入了停滞阶段。20 世纪 90 年代，欧洲一体化进程的开启为汉堡的城市发展带来了戏剧性的转机，作为传统意义上西方世界直面东方的重要港口，它迎来了再度成为欧洲中部重要核心城市的机会，而这一机遇的关键则是港口新城的建设。

该项目在现有港口结构的基础上，对城镇中心的易北河岸地区进行振兴和城市化改革，开发了一片新的公共空间。港口为居民和游客提供了多样化的空间，重新将港口滨水空间还给城市居民。该项目被划分为 15 个独立地块，总面积为 150 000 m^2，其重点在于将现存的海港历史遗产整合到新的设计中，新的规划设计将大众从住宅区引至水边，使每位居民都能享受到汉堡的港口滨水公共空间（图 5-15）。

德国汉堡海港区在西侧化作三个细长的指状码头，延伸至易北河的碧波之中。这里曾经是汉堡城市繁忙的码头，经过十多年的设计与建造，如今，它成了汉堡港口新城富有活力的滨水公共空间。

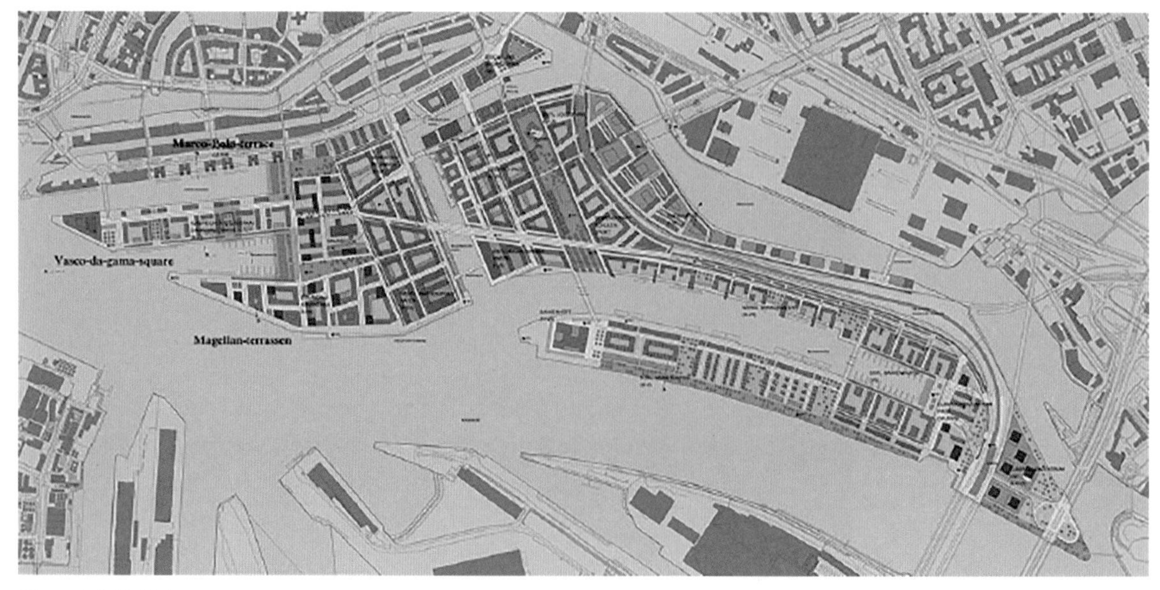

图 5-15 总平面图

② 设计理念

德国汉堡港口新城通过可持续开发建设和高效的土地利用，制定了面向21世纪的未来城市规划标准，开展了一系列专项研究，包括水环境评估、历史建筑价值评估、噪声评估、空气环境质量评估、动植物评估等。除了构建快捷可达的公共交通系统，新城内部步行道和自行车网络非常发达，加上成功的自行车租赁系统，使得骑行与步行成为新城便捷的交通方式。

在德国汉堡港口新城公共空间的设计中，设计师通过层叠的策略化解了因防洪需求而产生的高差问题，塑造了一个亲水可达、具有活力，并能够抵御洪水侵袭的弹性滨水空间。这一层叠的策略表现在三个层面：在垂直方向上，通过不断重复细微的高度变化，巧妙地化解了港口新城总体规划中要求的不同区域的高差；在平面上，不同的几何形式、材料、图案的叠加形成了一个复杂而统一的整体；设计通过运用具有隐喻意义的元素，唤起了人们对大海和汉堡城市的记忆。除此之外，水岸空间中的植被类型丰富多样，改变了一年四季的港口景观面貌，成了城市色彩的一个音符。

③ 方案设计——弹性水岸

西班牙EMBT事务所于2002年赢得了港口新城公共空间竞赛。总体规划保留了原有的滨水空间形态，利用现存河道作为街道和地块的划分。由于原有码头地坪无法承载新建建筑的重量，所以在总体规划中，新街区离水岸线需要有20 m的后退。这一做法既保留了历史岸线，也形成了兼具亲水和防洪作用的弹性水岸。

在公共空间的设计中，对弹性水岸的考虑主要体现在它的剖面设计上。后退的街区由原港口所处的4.5～7.2 m标高抬升至7.5 m标高，以保证城市街区在汛期的安全。水岸公共空间宽度约为20 m。同时，层叠的策略得到沿用。项目设计范围被现状水道分为3个细长的指状码头，包括传统港口区（Traditions Hafen）、麦哲伦平台（Magaellan Terrace）（图5-16）、达伽马广场（Da Gama Square）（图5-17）、达尔曼台阶（Dalmannkai Stairs）（图5-18）、马可·波罗平台（Marco Polo Terrace）（图5-19）、珊德公园（Sandtor Park）等几个主要部分。传统港口区、达尔曼台阶和达伽马广场与线性水道平行布置，麦哲伦平台和马可波罗平台则位于水道尽端，构成了联结上述空间的节点。以伟大航海家命名的三个空间节点——达伽马广场、麦哲伦平台和马可·波罗平台，呼应着汉堡作为德国“通往世界的门户”的光荣过去。

达伽马广场位于两栋住宅建筑之间，除了通过台阶与坡道（图5-20、图5-21）解决高差问题，广场还设置了篮球场等运动空间（图5-22），并以鲜亮的色彩为这一空间注入了活力。

图 5-16 麦哲伦平台

图 5-17 达伽马广场

图 5-18 达尔曼台阶 1

图 5-18 达尔曼台阶 2

图 5-19 马可 · 波罗平台

图 5-20 坡道与挡墙

图 5-21 台阶与坐凳

图 5-22 篮球场运动空间

麦哲伦平台于 2005 年完成，占地面积约 4700 m²。形式感极强的宽大台阶缓解了高差，也将人们引至水面，在这里远眺汉堡爱乐音乐厅及宽阔的水面，能够充分放松心情，亲近自然。台阶中穿插着无障碍坡道和曲线形树池，自由形态的金属照明灯及构筑物增加了水岸三维空间的围合感。

马可·波罗平台于 2007 年完成，面积约 6400 m²，包含 4 个大平台。每个平台均用草地、树池、座椅等进行空间划分。座椅的设置为人们提供了休憩空间，座椅朝向易北河宽阔的水面，视野极佳。传统港口区面积约 5600 m²，作为整个设计中标高最低处，这里既提供了小型船只停泊的功能，也是人们最接近水面的场所。它的高程会随着水面的涨落而变化，使人们体会与水共生的感受。达尔曼台阶位于中间的指状码头，设计利用一级级种有绿色植被的曲线形台地来解决高差，小料石铺地穿过台地的切口，将人们引向水面。

珊德公园位于麦哲伦平台一端，以缓缓起伏的草坡为中心，邻近街区的人们可以在此休憩、交谈（图 5-23），这里还人性化地设置了宠物玩耍的沙坑（图 5-24）。作为整个项目中的标高最高点，珊德公园具有眺望麦哲伦平台和易北河的最佳视野。

图 5-23 珊德公园座椅休憩空间

图 5-24 宠物玩耍沙坑

④ 其他

在材料细节设计方面，EMBT 事务所对历史工业建筑的砖砌立面图案进行了研究和梳理，提取出其中主要的几种图案和色彩方案，最终利用 5 种不同色彩和 4 种不同尺寸的砖组合形成了斜向十字凹凸的肌理，并应用在了水岸空间的防汛墙材料图案设计之中，再现了场地中的历史记忆（图 5-25）。

图 5-25 防汛墙的材料图案细节

在汉堡港口新城公共空间项目中，隐喻的手法与大海以及汉堡的城市历史息息相关。铺地中的鱼和海鸥图案（图 5-26）、城市家具的设计都包含与大海相关的元素。除此之外，公共空间的照明灯具设计使用了 EMBT 事务所标志性的扭曲金属管语言，寥寥几笔仿佛勾勒出一只停靠在水边的海鸟，使水岸空间充满了浪漫的气息。

图 5-26 铺装拼贴图案

（3）德国伯布林根小镇公共空间（图 5-27 ～图 5-29）

项目位置：德国·伯布林根

完成时间：2015 年

项目规模：18 000 ㎡

设计公司：bauchplan 景观公司

图 5–27 伯布林根小镇公共空间

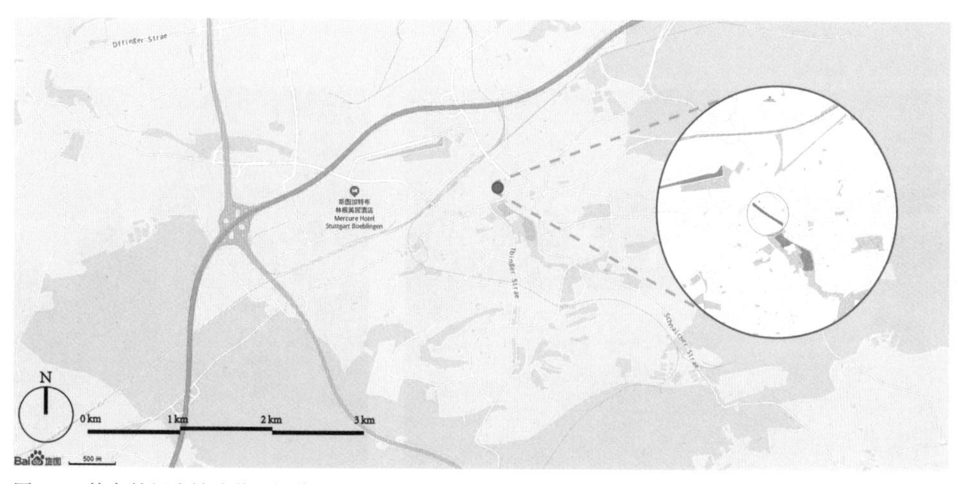

图 5–28 伯布林根小镇公共空间位置图

图 5-29 伯布林根小镇公共空间红线范围图

① 项目背景

伯布林根小镇公共空间的中心是一条传统的、具有悠久历史的火车站周边大街，过去仅是供汽车通行的区域。随着城市的发展和周边区域的转变，居民和上班族增多，对城镇中心提出了更多需求。设计师希望能够以一个全新的视角来规划整个场地，使之具有独特的风格和空间可识别性。

② 设计理念

设计师试图在城镇中心火车站周边打造一个“测量系统”，为伯布林根市提供公共空间的参考。中心广场是连接火车站与旧城空间的重要通道，展现了休闲购物的新特质，而这些公共空间的品质在人们的参与过程中得到提升，并在整个实施过程中得到改善（图 5-30、图 5-31 ）。

图 5-30 城镇中心广场与老城区连接入口

图 5-31 休息空间

中心广场的设计以通用性和周期延续性作为空间的内在特质，打造伯布林根城镇步行街，使其作为一个有吸引力和充满活力的城市空间，提供一个可以真正替代周边购物中心等具有浓厚经济特质区域的空间环境。像素网格的设计元素希望打破直线形的常规设计，为街区提供更加灵活多样的空间氛围，建立现代化、充满活力的街道。

③ 方案设计

在空间布局方面，这里重要的地理位置赋予了它特殊的功能，这里是伯布林根最繁忙的街道交叉口之一，也是旧城区的一扇窗户，上下班快速穿行的人和悠闲漫步的人在中心公共空间建立了一种独特的过渡。设计赋予公共空间休息与娱乐的新特质，同时以崭新的形象塑造高品质的公共空间，在布局上谨慎地处理了所有相邻街道两侧的空间，使之融为一个整体。

广场铺装图案的像素化设计从平面延续至街道立面，其上点缀着专门设计的排水渠和水池网格（图 5-32）。同时，项目在现有污水系统的基础上采用了不对称排水渠，结合模块化的炭化木和钢结构的街道座椅设施，创造出大气、现代、多样的娱乐和服务空间。广场步行道的预制混凝土铺地利用光刻技术印制天然石材上的嵌花，形成了自然而有趣的肌理。

此外，设计师与当地青年事务委员会合作开发了城市家具，包括室外沙发、立柱长椅和可自由旋转的单人座椅。其中，还包含自行车停放结合座椅的设施设计，为人们提供休息场所，自行车也可以免受风雨和天气变化的影响。同时，街道两侧商铺还可以将它们作为展示平台。中心广场的入口处设计了一个喷泉景观（图 5-33），成了街道广场的标志性景观。

图 5-32 广场铺装与街道设施的设计

图 5-33 入口喷泉

夜晚的广场创造了独特的空间识别性，在最初的设计讨论过程中，就有公众提出悬挂式光环的想法。建成后的广场灯光设计具有独特的艺术美感，圆形的光环在城市上空自由舞动，强化了空间的身份特质（图 5-34），每个白色半透明的圆形灯管都配有 14 个 LED 点（图 5-35），在靠近购物区的周边还特别安排了无眩光照明，以突出天然石材路面。入夜后，通过不同光照强度，打造了一个具有活力的街道空间。

图 5-34 广场灯具设计

图 5-35 灯具装置细节

④其他

建成后的街道通过铺装、绿化、照明和城市家具重新产生了活力，奏响了城市的序曲。

由于每天有多达 35 000 名乘客经过，火车站前的广场成了城镇的展示窗口，同时也是居住在小镇的人和外来的游客一起共享的公共空间。

第二节
城市公共空间景观设计实践——北京大栅栏杨梅竹斜街景观改造

一、杨梅竹斜街的历史背景

北京的肌理曾经是均匀而连续的，由横纵交错的胡同交织而成。但在过去的几十年里，城市肌理已经被层出不穷、拔地而起的高楼所肢解、取代。如今的胡同就好像嵌在城市里被遗落的斑块，日趋破败。历史上的杨梅竹斜街曾是众多著名书局、商铺汇聚之地，市井文化气息浓厚。今天，我们仍旧可以通过伫立在胡同两侧的历史建筑一窥它令人骄傲的过往，但更多时候，胡同给我们的直观印象是被遗忘的历史碎片，散落一地。非宜居的生活环境、流动人口、复杂的产权关系……旧城的改造与更新是北京，也是许多大城市在城市建设进程中难以跨越的一步。它的难度在于其所处社会关系的复杂性——整治的过程需要妥善处理政府、开发商、设计方与众多业主之间的利益关系，在重重矛盾中建立一种共同发展、可有机更新的模式，从而落实改善居民生活环境的设计目标，尝试通过胡同的有机更新，弥缝现代城市化进程中空间、时间上的差异。在这样的语境下，杨梅竹斜街的修缮与更新更具时代意义。

北京大栅栏地区是中国传统文化中独具特色的重要代表，处于旧城核心的敏感地段，在首都的规划建设中一直备受关注（图 5-36）。杨梅竹斜街胡同的修缮与更新是在政府、开发商、设计方与当地居民共同协作下展开的。处于重重利益关系之中，项目的每一步推进都是多方反复协商的结果。杨梅竹斜街胡同的修缮以有机更新为指导理念展开，以改善居民生活环境为设计目标。胡同里的老百姓是胡同文化活力的来源，开发商通过与居民协商，采用自由腾退的方式，让胡同最大限度地保留原有居民，同设计方一起，为未来产业的入驻制定了严格的产业评估系统，提供相应鼓励策略，为胡同可持续的经济发展创造条件。针对胡同现场复杂的条件，设计方与开发商合作，建立了专门的谈判小组征求每户意见，并将设计方案对居民公示，根据反馈随时调整，提供具有针对性的选项，从而保证了改善居民生活环境这一目标的落实。

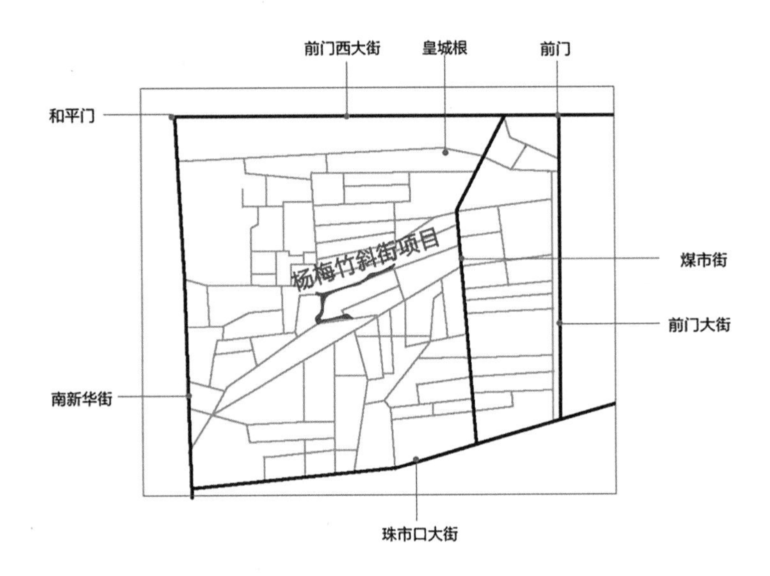

图 5-36 项目区位及周边现状情况

二、杨梅竹斜街的历史沿革与街道现状

（1）街道历史沿革

杨梅竹斜街景观改造项目包含杨梅竹斜街（含一尺大街）、樱桃胡同、樱桃斜街东段及观音寺前小广场，总长约 750 m。杨梅竹斜街为东北至西南走向，东北起煤市街，西端尽头有一小段南北走向的胡同，与延寿街及琉璃厂东街相会，此段长 30 m 左右的胡同原本为北京城最短的胡同——一尺大街，后来被并入杨梅竹斜街。这个项目将结合该地区的腾退整治进行设计。

传统的文化底蕴

杨梅竹斜街是大栅栏地区一条历史悠久，具有深厚文化底蕴的街道。历史上是众多著名的书局、商铺诞生之地，迄今仍遗留不少历史遗迹。历史名人有梁诗正、鲁迅、郁达夫、沈从文等；书局有世界书局旧址、正中书局旧址、儿童书

店旧址；名人故居有梁诗正故居；著名聚会场所有酉西会馆、和含会馆；另外还有四大商场之首青云阁遗址、明清著名的翻译机构四译馆、马元龙眼药铺、王回回狗皮膏药等。

老北京胡同生活

杨梅竹斜街是有许多居民居住的、典型生活场景浓郁的老北京胡同。

活跃的市井商业

介于文化史迹和居住之间的还有小型商业店面。历史上的业态有书局、会馆、译馆、茶楼、饭庄、商场、澡堂、市场，吃喝玩乐一应俱全。

（2）街道现状问题（图 5-37）

原街道违建侵占道路情况严重，造成了巨大的消防隐患，影响市政建设，阻碍了街道周边发展。建筑物及市政设施受到一定程度的损坏，私搭乱建现象严重影响街巷交通，也侵占了公共设施用地。其中，一层违章建筑约 72 处，二层违章建筑约 11 处，三层违章建筑约 4 处（已拆除 45 处违建）。

缺乏公共空间与设施。街道内拥挤不堪，无室外休闲设施，缺乏舒适宜人的公共空间，市政各种设施杂乱无章地交织在一起，各种店牌、广告牌随意设置，随意停车，卫生环境较差。

街道两侧无公共绿化，仅有几棵大树，不足以为居民提供绿色空间。街巷绿化以居民自发种植为主，缺乏连续性和统一性，特色不鲜明，绿量明显不足。

建筑老化，破损严重，街道整体风貌未被保护。建筑外立面年久失修，老化、破损现象严重，影响街道的整体风貌和景观效果。

违建约72处

图 5-37 现状问题分析

历史建筑亟须修缮保护。杨梅竹斜街上具有历史意义的建筑受到了不同程度的损毁和破坏，需采取一定修缮和保护措施，重现其历史风貌。

三、微改造重塑老街活力

（1）设计策略

胡同是个复杂多变的现场，为了保证街道景观修缮与更新的全面性，设计者列出了包括街道立面、交通、绿化、铺装、市政设施、照明等 13 个设计系统。而针对各家各户复杂多样的现实情况，设计者将历史典故“田忌赛马”中排列组合的智慧应用于景观设计中，各种不同的景观元素依据不同的限制，以渐变、置换、删除、覆盖、嵌入、保留、叠加、延伸、编织等方式排列组合（图 5-38），提供浑成、连贯的景观体验，稳定推进，吐纳、演变，激活各类积极元素，在保持老街原有活力的基础上为它注入新的活力（图 5-39）。

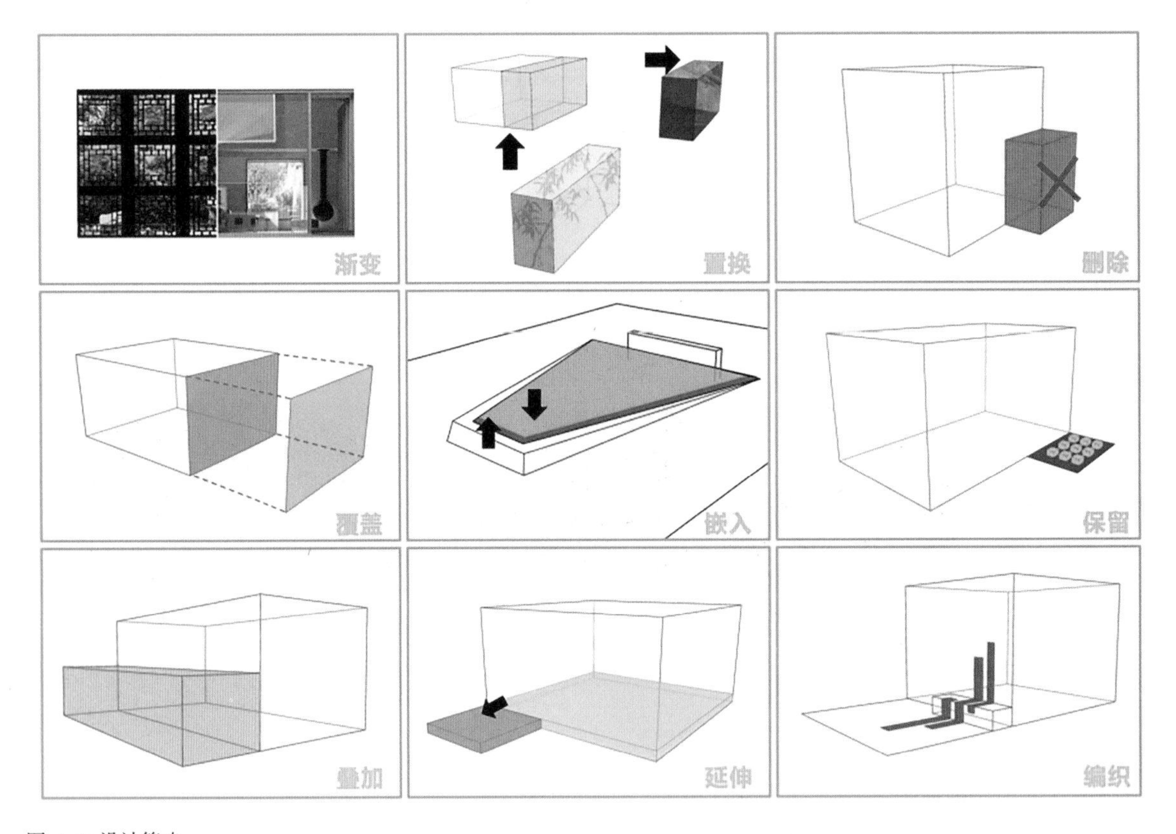

图 5-38 设计策略

图 5-39 景观效果图

(2)设计手法

整治措施——保留(图 5-40):保留并鼓励居民自发利用设计的平台摆放植物,形成屋前小花园,装点他们的生活环境,培养居民热爱并自觉维护街道环境的习惯。

保留自发绿化27处

图 5-40 手法分析:保留

整治措施——叠加（图 5-41）：在原始建构物基础上叠加新的构筑物，增加新的公共空间供居民与游客使用。

整治措施——删除：对遮挡重点建筑立面及影响视觉的违章建筑须坚持拆除的原则。

整治措施——置换（图 5-42）：拆除违章建筑释放的空间可以置换成绿植或公共空间，提升区域环境舒适度。

整治措施——覆盖：对暂时难以拆除的不雅建筑立面，可以用爬蔓植物覆盖。

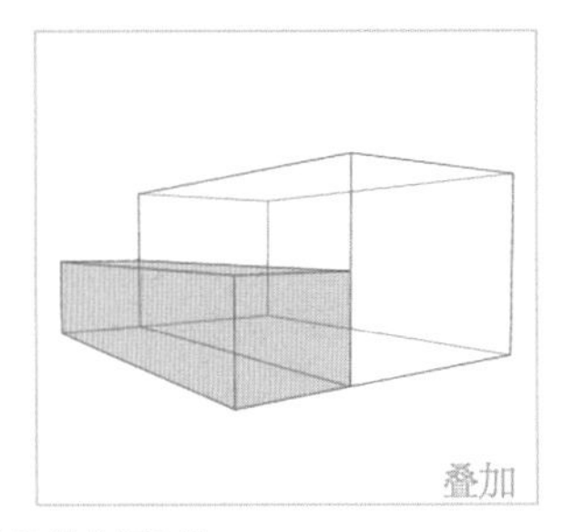

在原始构筑物上叠加新构筑物形成公共空间3处

图 5-41 手法分析：叠加

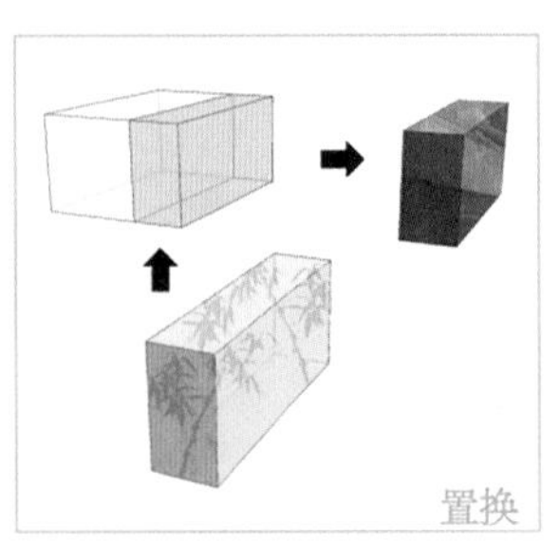

置换成绿植或公共空间38处

图 5-42 手法分析：置换

整治措施——延伸（图 5-43）：将室内空间延伸到室外，扩大活动区域，让人们的生活成为街道风景。

整治措施——嵌入（图 5-44）：将下沉的广场嵌入地面，抬起广场的边缘形成台阶座椅，同时阻止了机动车的停放。

整治措施——编织：以编织的手法结合建筑和景观，将铺装、座椅、墙面以编织的手法串联。

整治措施——渐变：从古到今、由繁至简地设计材料过渡，用景观语言将建筑跳跃语言之间的冲撞模糊渐变成在特定时空下的共生体。

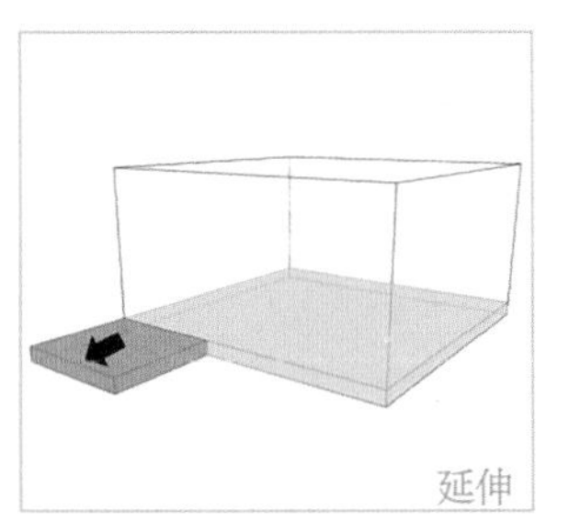

图 5-43 手法分析：延伸

图 5-44 手法分析：嵌入

四、街道改造设计过程

（1）公共空间设计分析

各家院门前、台阶上是百姓日常生活的舞台，也是胡同活力所在。设计将拆除违建留下的空间处理为带有绿化的公共空间（图 5-45），通过花池、台阶的修砌将胡同公共生活与建筑联系起来，为胡同生活保留并扩展了舞台（图 5-46）。

图 5-45 公共空间效果图

图 5-46 总平面施工图

公共空间中还引入了新媒体技术，应用原研哉与跨界工作室共同开发的，具有导航功能的 App 终端，将胡同的当下与过去同步呈现于网络之中，使得胡同生活在空间、时间上都得以延伸；通过与艺术家“八股歌”合作，将具有胡同特色的声景纳入公共空间之中，让人们在认识、了解胡同生活的同时，也参与当下声音的记录当中，为当代胡同生活留下印记。设计将室内空间延伸到室外，将新构筑物叠加到老构筑物上，转换破败场所为新的公共空间（图 5-47），将空间嵌入地面成为户外活动的广场，并且抬起广场的边缘，在有效阻止机动车的停放、避免户外活动受到干扰的同时提供了休憩座椅，形成舒适的林荫空间（图 5-48）。

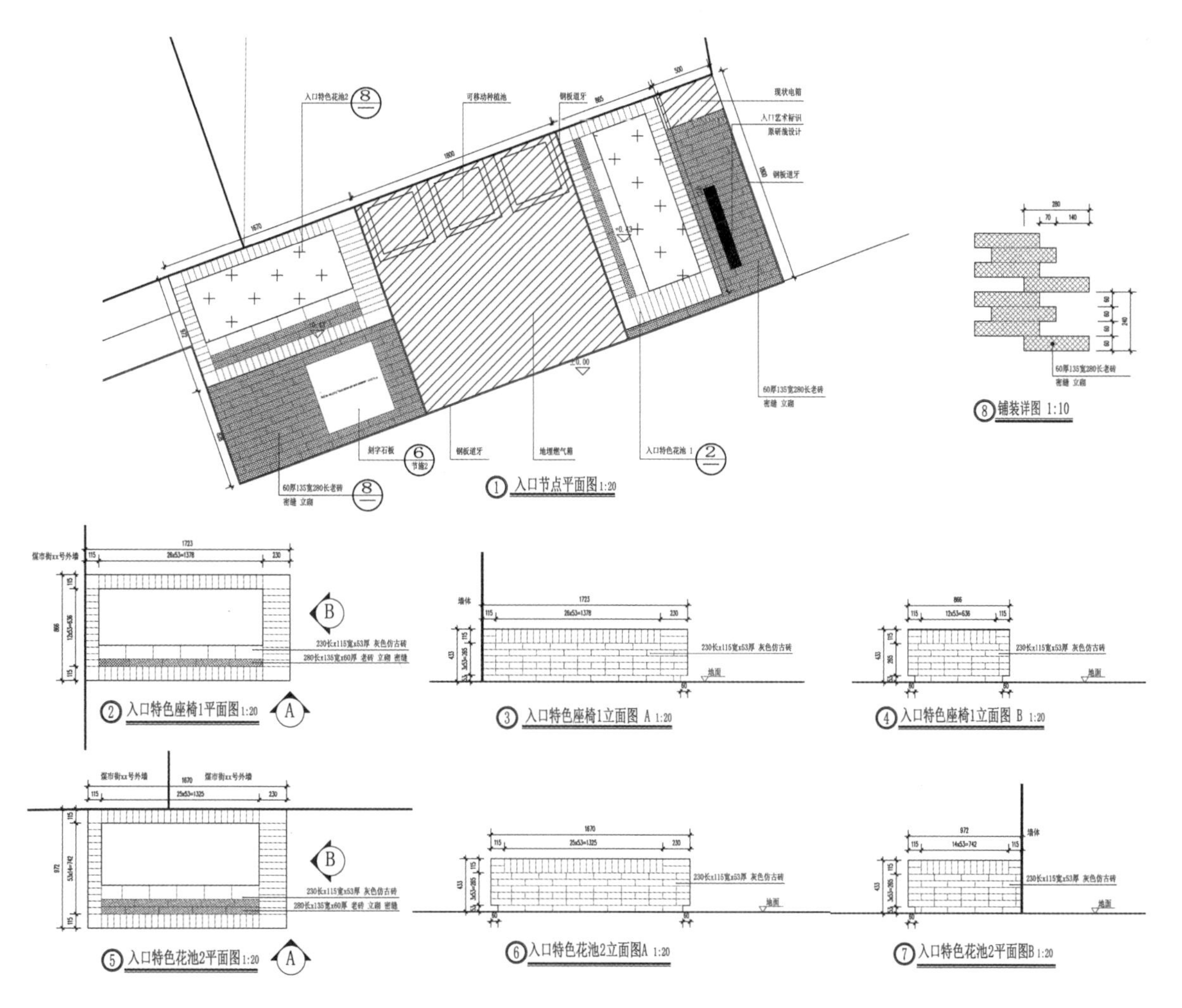

图 5-47 东入口节点公共空间施工详图 · 扫描本书封底二维码，公众号后台发送“风景园林”，获取高清大图

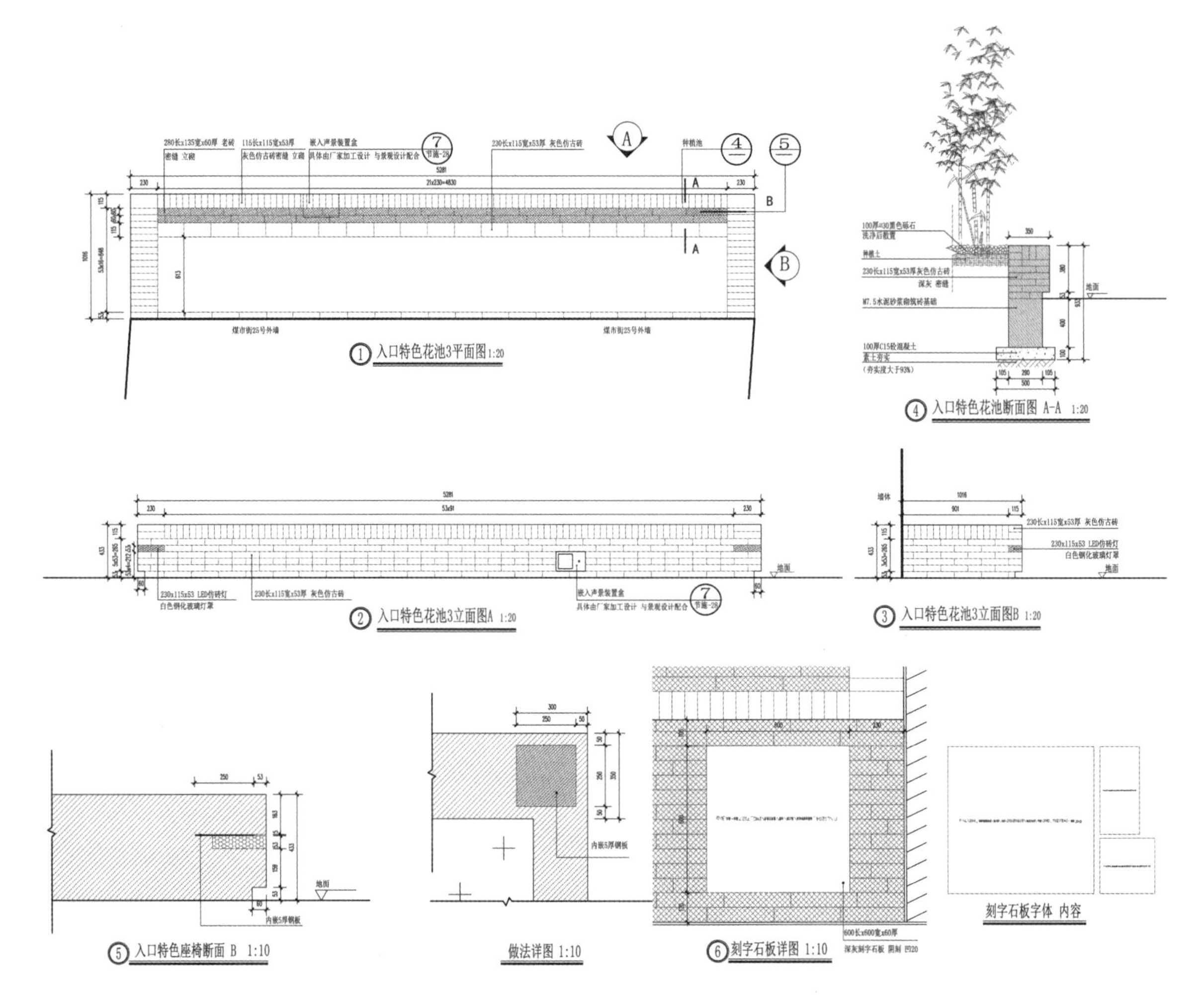

图 5-48 东入口特色座椅做法施工图 · 扫描本书封底二维码，公众号后台发送“风景园林”，获取高清大图

（2）铺装设计分析

在铺装材料以及铺设方式上的创新，解决了普通仿古砖难以满足车行承重要求的难题。铺装图案则利用算法技术进行设计，通过历史材料与新材料的结合，使铺装像一件记录时代信息的艺术品一般呈现在人们脚下。拆除违建过程中收集来的老砖、老瓦等历史材料与新材料结合，使经过铺装的地面随处提示已经消失的建筑和逐渐被淡忘的名称，同时，用编织的手法将铺装和建筑立面相结合，使铺装作为一种可触碰的历史肌理，从平面向空间延伸，唤醒人们对北京生活的触感与情感记忆。

新材料

仿古砖的铺装是这条街的主调，抗压强度须保证消防车辆正常通行。局部铺装，如在重点建筑、景观节点、台阶、花池上，通过仿古砖与老砖的组合，适当加入石板、玻璃砖、金属等新材料，把历史肌理编入景观语言中，增强景观的趣味性与历史感，而非单纯仿古。

历史材料

从北京老城收集一些具有时代感的老瓦片、瓦当、青砖、红砖等，与新材料组合，铺于重点建筑前、景观节点、台阶、花池等景观细节中，或勾勒出建筑古朴外貌，或讲述暗示街道身后的历史故事，把历史肌理编入景观中，成为新的景观语言和可触碰的历史肌理（图 5-49 ～图 5-51）。

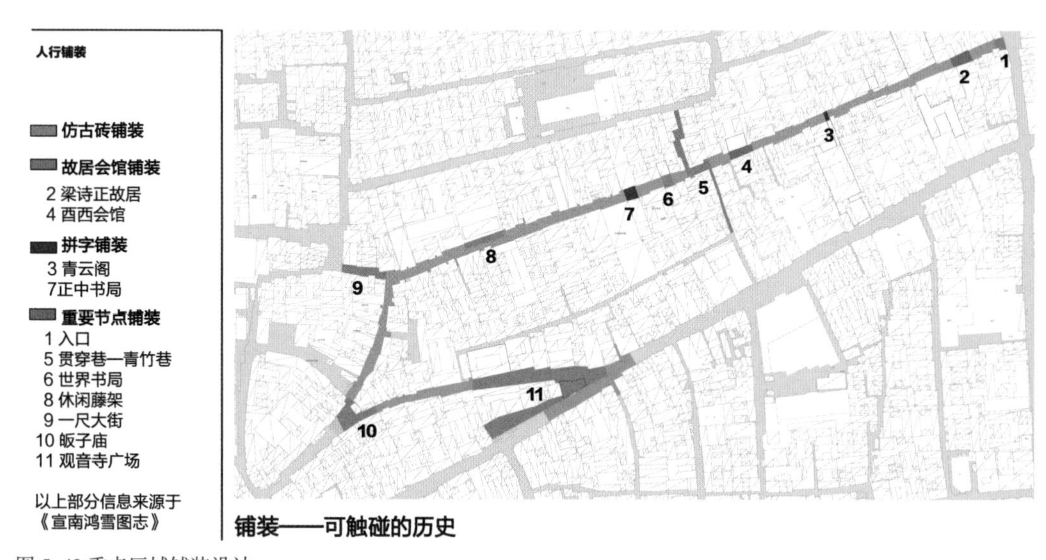

图 5-49 重点区域铺装设计

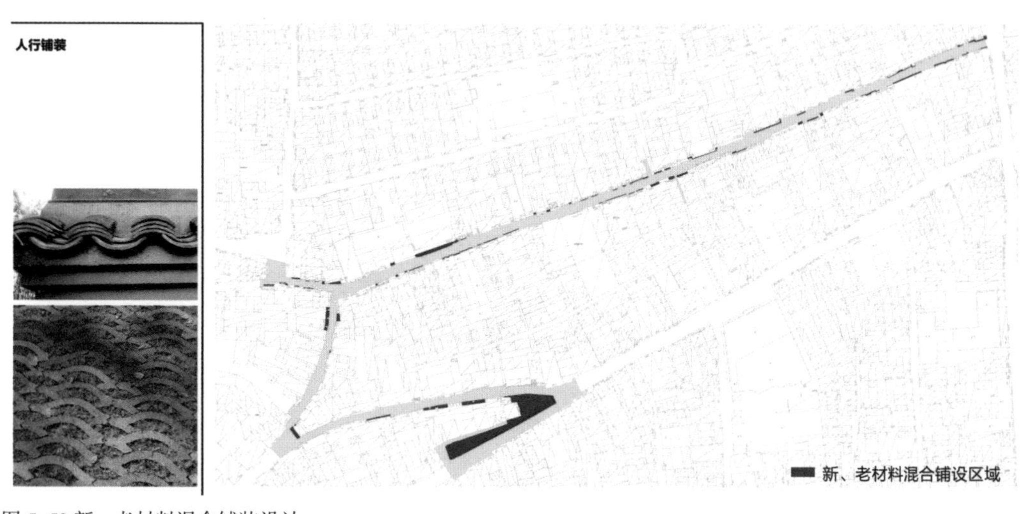

图 5-50 新、老材料混合铺装设计

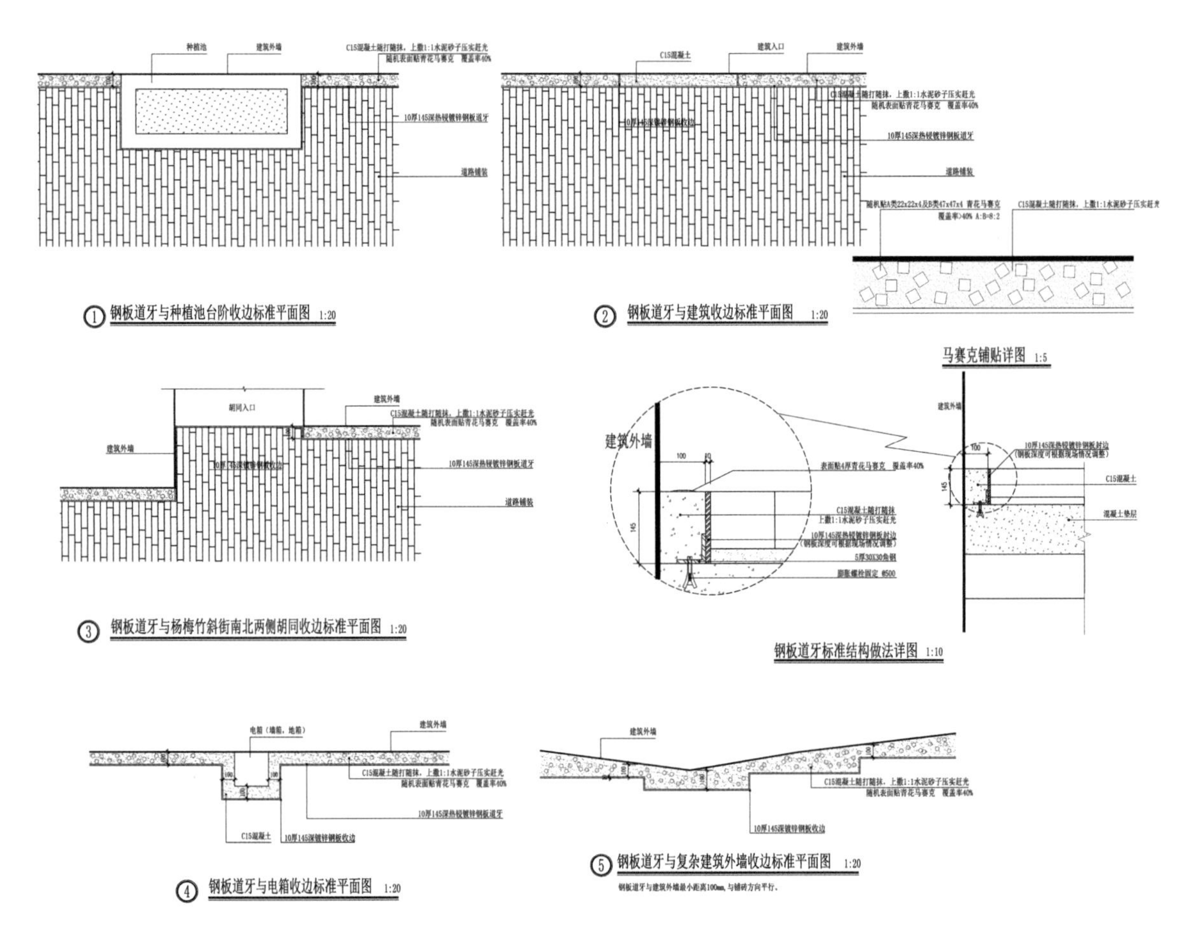

图 5-51 铺装构造施工图 · 扫描本书封底二维码，公众号后台发送“风景园林”，获取高清大图

在青云阁建筑前，通过组合新旧铺装材料，将青云阁的名字、建筑风貌编入铺装中，增强景观的趣味性与历史感（图 5-52、图 5-53）。

世界书局位于杨梅竹斜街 75 号，建筑历史风貌保存较好，历史感鲜明。铺装设计通过砖面深灰与浅灰的组合变化，将建筑历史风貌变成一种肌理，呈现于地面上（图 5-54、图 5-55）。

青云阁

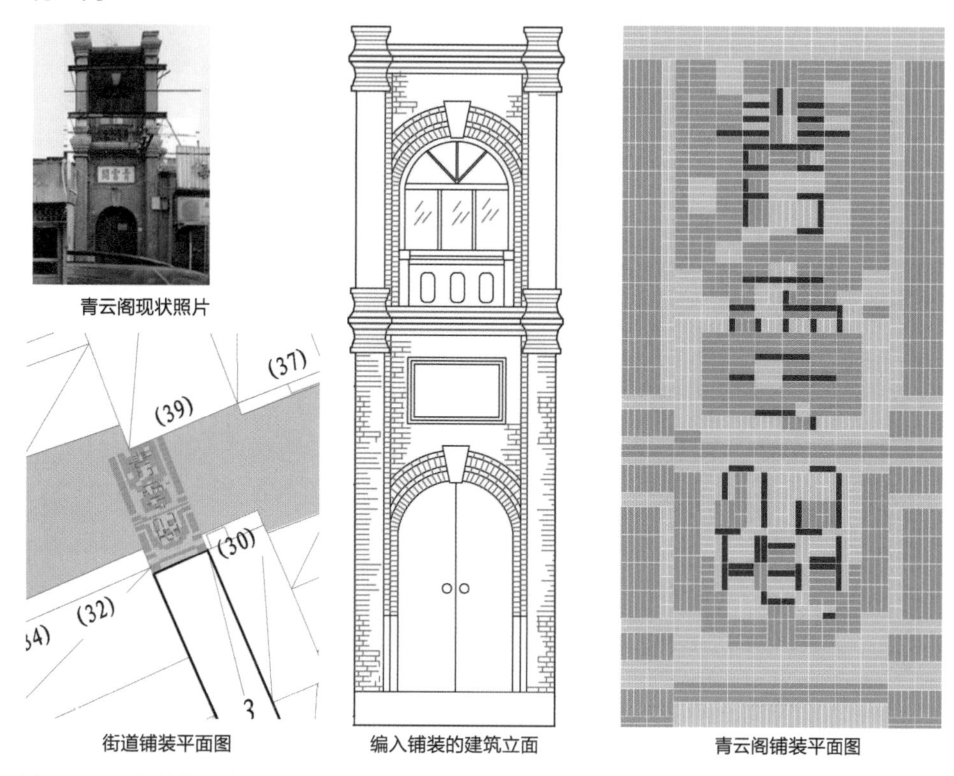

图 5-52 青云阁铺装设计

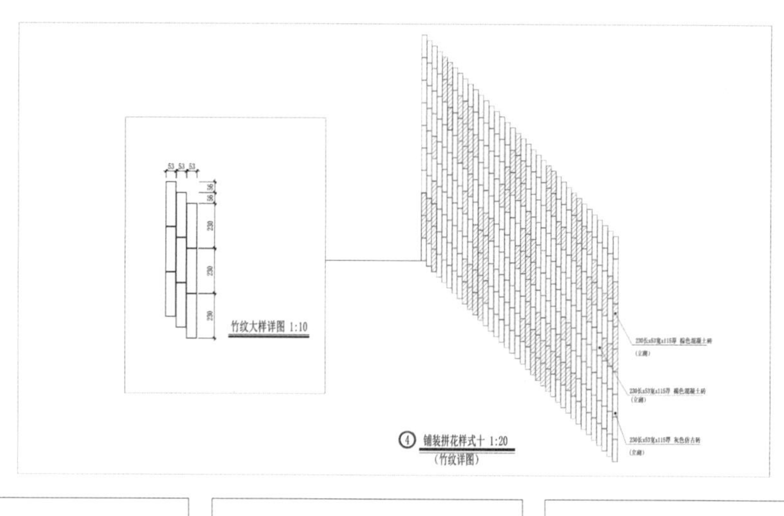

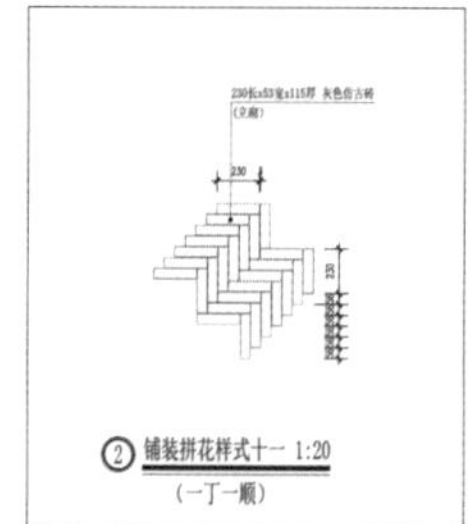

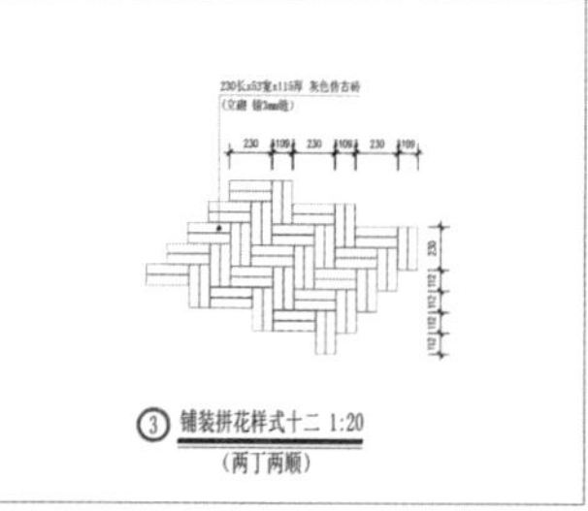

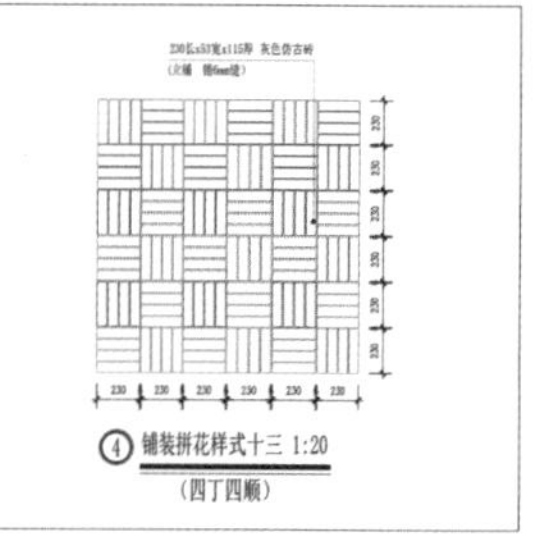

图 5-53 铺装做法施工图

世界书局

世界书局现状照片

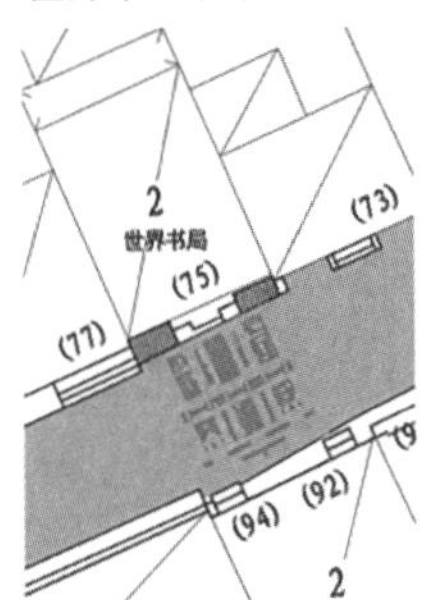

街道铺装平面图

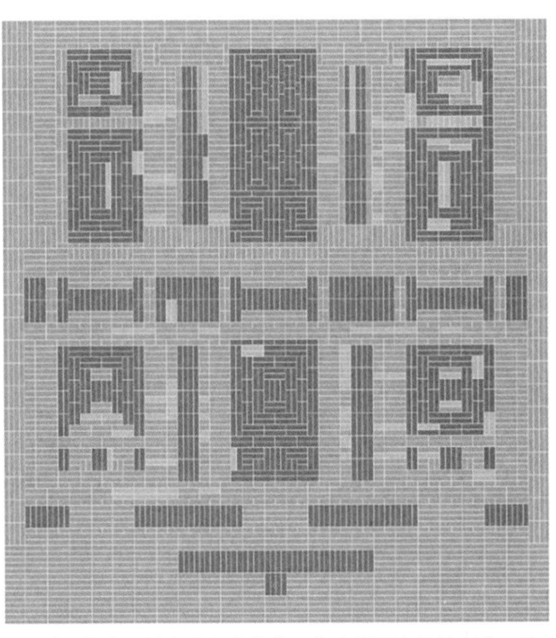

通过砖面深灰、浅灰的组合变化，将建筑历史风貌变成一种机理，呈现于地面上

世界书局铺装平面图

图 5-54 世界书局铺装设计

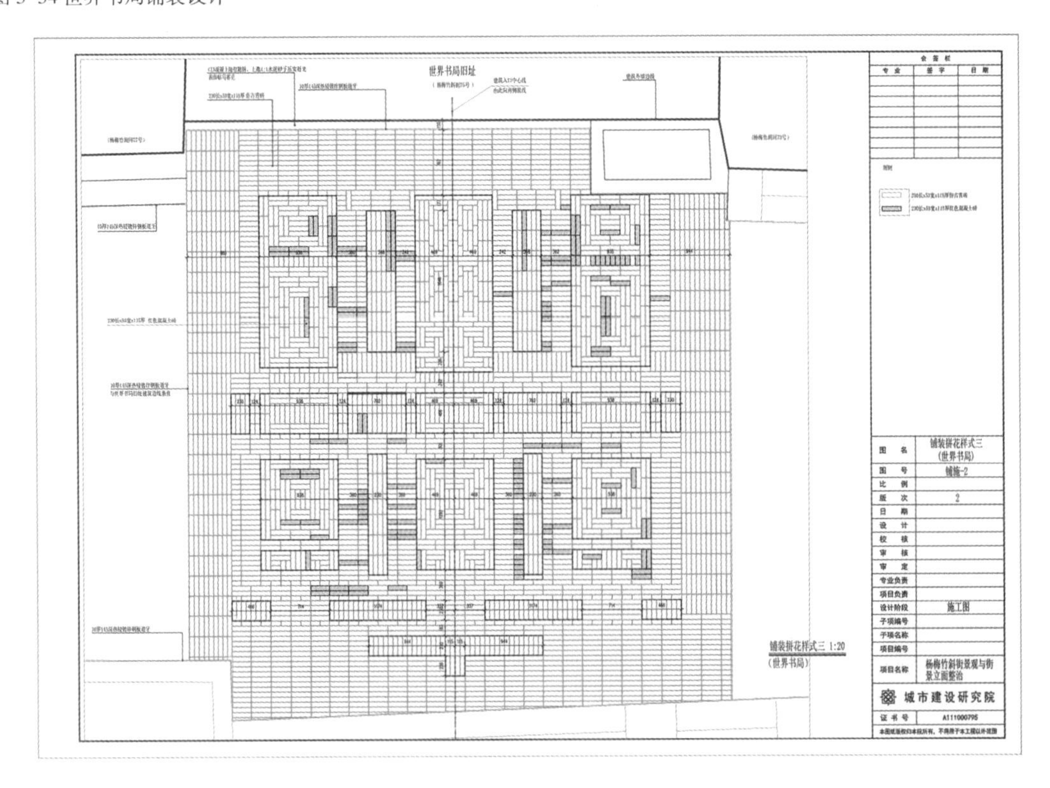

图 5-55 世界书局铺装施工图 · 扫描本书封底二维码，公众号后台发送“风景园林”，获取高清大图

一尺大街曾是北京最短的胡同，30 余米长，旧时一共有 6 个门脸，其中三家是刻字店。如今它已经并入杨梅竹斜街胡同。一尺大街的名字、票号刻版、花砖等历史材料被编入铺装之中，可供过往游客用纸拓下，在保留可触碰的历史切入点的同时，为游客提供更加有趣、生动的景观体验（图 5-56）。

皈子庙位于樱桃胡同、樱桃斜街巷口，以前是刻字业公会，铺装设计采用新老砖混合铺装的方式，将建筑的历史立面隐现于地面，激发人们的文化联想（图 5-57）。

一尺大街

老票号刻版

利用拓印的原理，将老票号的刻版、仿古花砖等材料嵌入不影响交通的地面、台阶、花池，以及局部建筑立面中，过往游客可以参与拓印图案，成为一种有趣的、生动的景观体验。

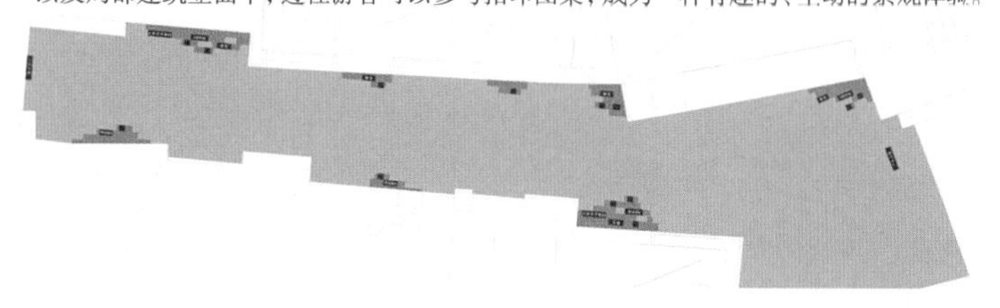

一尺大街铺装平面图

图 5-56 一尺大街铺装设计

皈子庙

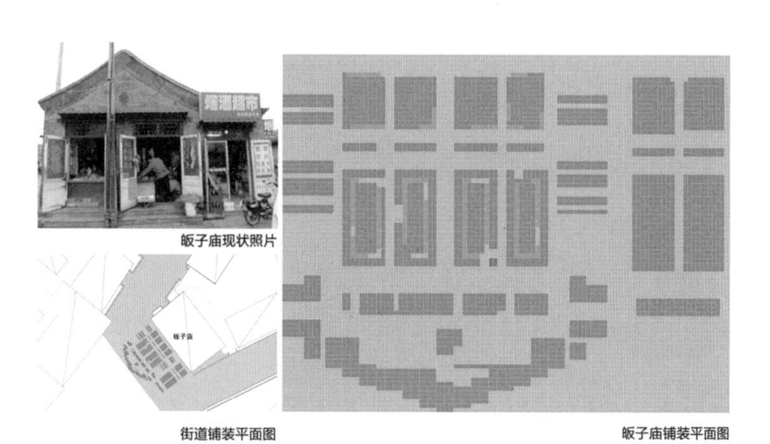

图 5-57 皈子庙铺装设计

（3）绿化设计分析

设计者鼓励居民通过自发绿化的方式使整条街道绿起来，从而培养了人们的公共意识。同时，将拆除违建释放出来的空间置换成绿化的公共空间；用爬蔓植物覆盖暂时难以拆除的不雅建筑立面，保证街道景观的连续与统一；选择极富北京胡同特色的植物品种，延续老北京的胡同风情；利用现状及改造后腾退出的空间种植植物，增加环境绿量及绿视率，乔灌地被组合种植，提高街道舒适度；通过植物生长变化，体现北京四季分明的地域特点；适地适树，种植北京本地品种，烘托北京胡同风情，降低施工养护成本；鼓励居民自发摆花种花，延续胡同生活气息（图 5-58 ～图 5-65）。

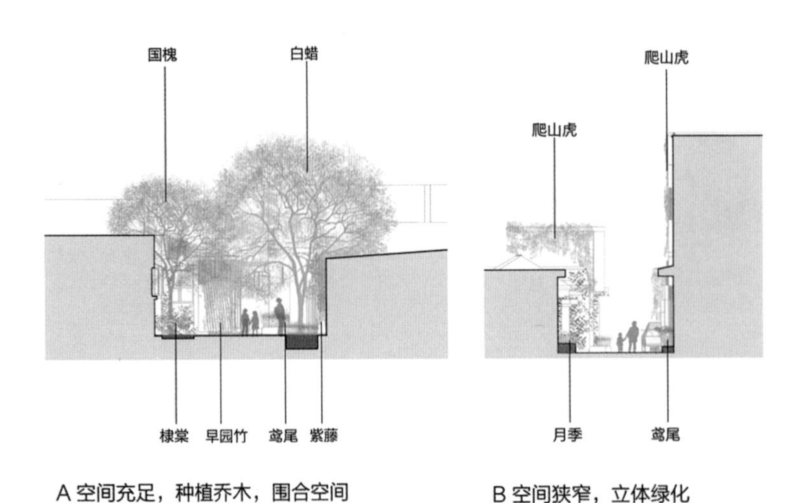

图 5-58 种植设计剖面示意

图 5-59 杨梅竹斜街东段种植设计平面示意

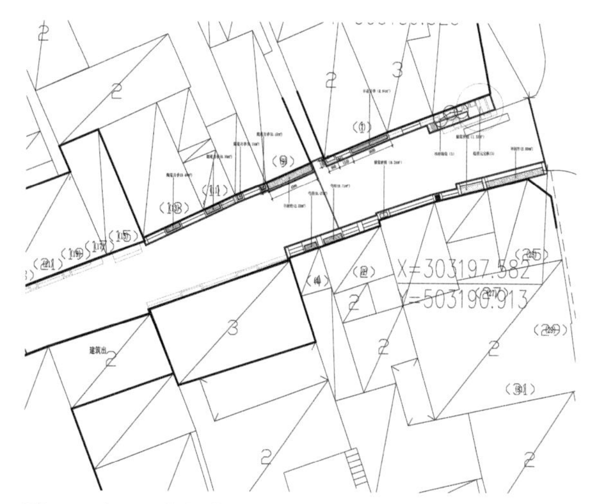

图 5-60 东入口节点乔木及灌木种植施工图

图 5-61 东入口节点地被种植施工图

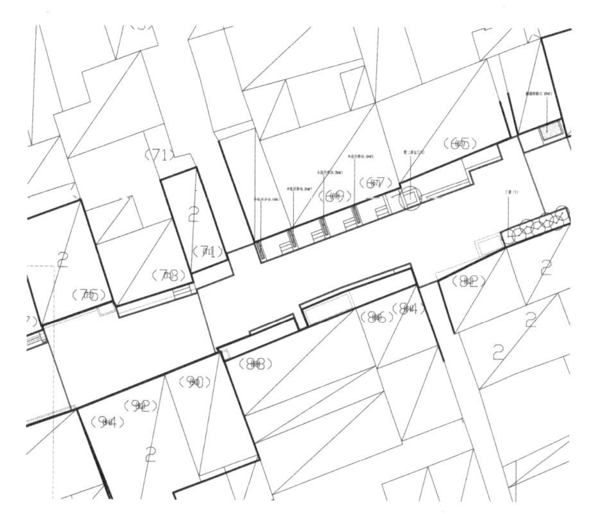

图 5-62 世界书局节点乔木及灌木种植施工图

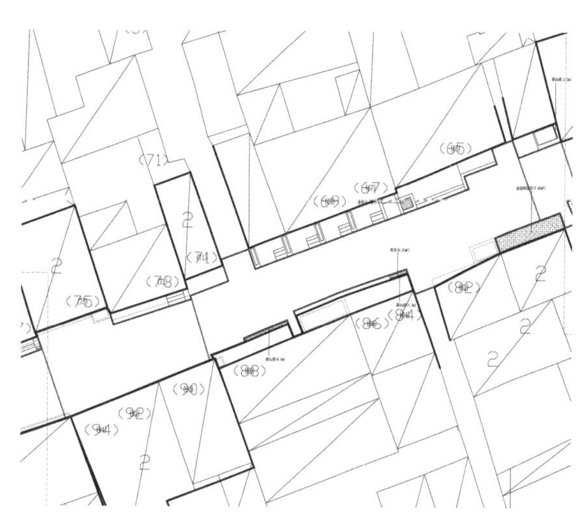

图 5-63 世界书局节点地被种植施工图

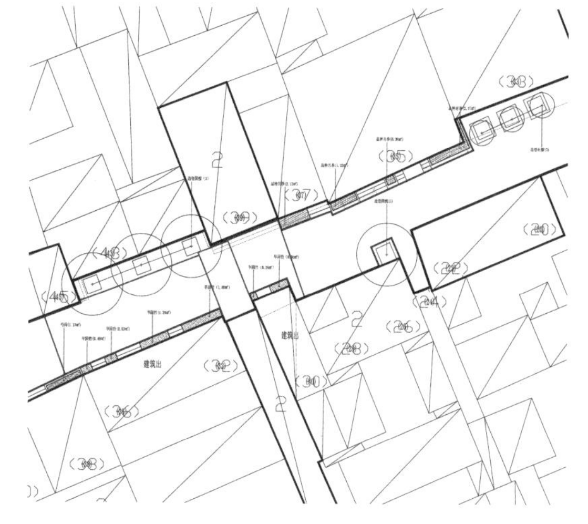

图 5-64 青云阁节点乔木及灌木种植施工图

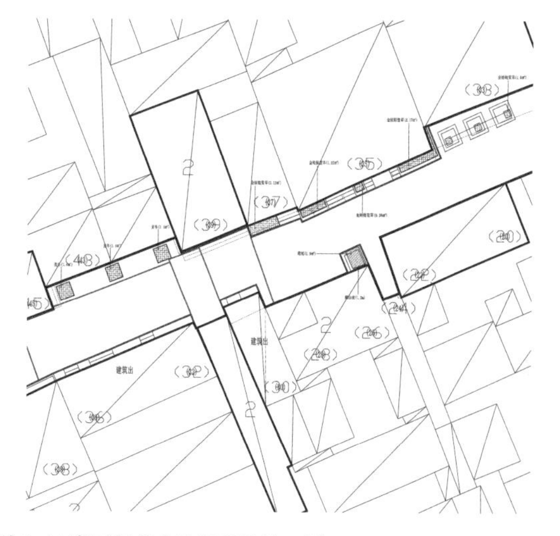

图 5-65 青云阁节点地被种植施工图

区域整体种植选择北京本地特色植物。乔木以国槐为主，点缀白蜡、臭椿增加秋季色彩；灌木种植选择紫薇、西府海棠、石榴、早园竹；地被花卉选择芍药、月季、萱草；攀缘植物选择爬山虎、凌霄、葫芦、紫藤、丝瓜等。种植植被统一由园林部门养护管理，自摆花卉由所属居民自行养护。

乔木要种植在空间开阔处，如拆除变电箱、违建后的开敞空地处，并且避开市政地下管线。小乔木和灌木要种植在建筑灰墙处、转角处或需要遮挡的建筑立面处。南立面种植点要避免遮挡窗户影响室外采光。地被种植要在固定花池内，同时选择北京传统民居庭院植物，烘托市井气氛。垂直绿化种植要在需要遮挡或弱化的建筑正立面、侧立面和新建廊架处。盆栽分为悬挂式和落地式两种，应在建筑前和建筑窗户外侧放置，鼓励居民自行摆放。居民可自由选择花卉种类，由相关部门向居民配发植物种子及种植容器。居民可在自家台阶、阳台、屋顶自由组合种植。鼓励居民自发地进行绿化运动已成为一种推广模式，居民通过这种方式可建造自己的景观，与邻里互动，同时又能使整个街区统一、美观。

五、实施效果

由于街道的景观设计将增加植物、城市家具、景观照明、安防监控、交通、卫生、旅游等多方面公共、公用设施，因此设计方案也将对街道整治完工后的运营管理提出有针对性的要求与部署，确保能实施落地并切实执行，完善试点工程，并实现区域环境的可持续发展。

开放式胡同景区引入了物业管理的新模式：

·将街道管理目标与建设相结合，在设计、施工的各环节着眼于后期的使用及维护，避免在运营过程中暴露问题，促进施工进度，节省投资。

·完善加强环境长效管理机制，严格管理制度，建立24小时不间断管理模式。

·加强清扫保洁，注重日常维护，保证24小时保洁及维护。

·消除管理盲点，落实区、街、业主三级管理责任，社会单位“门前三包”，各负其责，形成合力。

·确保日常管理及维护的人员及资金。

杨梅竹斜街的修缮与更新是一次寻找与本地居民及商户和谐共生的环境景观改造及保护发展模式的尝试。居民的生活环境将在这个过程中伴随着大家的共同努力逐渐得到改善，与此同时，通过鼓励居民参与设计，间接地重塑了公共意识。通过新材料与历史材料的编织，原有居民的自由腾退与新型文化产业的入驻，当代主流文化与历史文化的整合，使得胡同文化在当代语境中在时间上得以延续，在空间上得以融汇，从而缩小近年来城市发展进程中带来的地区差异，也为区域未来经济的可持续发展提供了舞台（图 5-66～图 5-70）。

胡同的有机更新不是一个一蹴而就的过程，它处于复杂的利益博弈中，推进的过程需要不断协商、反复。设计者反对推倒重建式的改造，坚持为胡同中的住户提供具有针对性的设计，协同多方落实修缮与更新，希望通过这样的协同努力，杨梅竹斜街的有机更新可以以一种自然、具体可感的姿态从街道本身萌发出来，相信上述设计思想会对今后类似的改造项目有启发意义。

图 5-66 杨梅竹斜街的日常生活

图 5-67 杨梅竹斜街居民住宅入口景观改造前后

图 5-68 杨梅竹斜街入口平台景观改造前后

图 5-69 杨梅竹斜街铺装及标识改造

图 5-70 杨梅竹斜街公共平台景观改造前后

参考资料

[1] 李雄，刘尧 . 中国风景园林教育 30 年回顾与展望 [J]. 中国园林，2015（10）：20-23.

[2] 李雄 . 中国风景园林发展进入新时期 [J]. 中国园林，2011（06）：22.

[3] 穆尼, 蔡扬, 陈冠云 . 思考风景园林专业科学革命的本质 [J]. 中国园林, 2016(04): 28-39.

[4] 李雄 . 中国风景园林发展进入新时期 [J]. 中国园林，2011（06）：22.

[5] 朱建宁 . 做一个神圣的风景园林师 [J]. 中国园林，2008（01）：38-43.

[6] 傅凡, 杨鑫, 薛晓飞 . 对于风景园林教育若干问题的思考 [J]. 中国园林, 2014(12): 37-40.

[7] 穆尼, 蔡扬, 陈冠云 . 思考风景园林专业科学革命的本质 [J]. 中国园林, 2016(04): 28-39.

[8] WALDHEIM C.The Landscape Urbanism Reader[M].Princeton: Princeton Architectural Press，2006.

[9] 中华人民共和国国务院 . 国家中长期教育改革和发展规划纲要（2010—2020 年）[M]. 北京：人民出版社，2010.

[10] 张云路，高梦雪，刘迪，等 . 应对城乡统筹发展的风景园林专业“绿地系统规划”课程教学体系的优化 [J]. 中国林业教育，2017（07）：61-63.

[11] 王福兴 . 园林方案设计在评审环节存在的问题及对策建议 [J]. 东南园艺，2020（02）：42-47.

[12] Council of Europe. European Landscape Convention[Z]. Strasbourg: Council of Europe publishing, 2000.

[13] 张伶伶，孟浩 . 场地设计 [M]. 北京：中国建筑工业出版社，2011.

[14] 纪丹雯, 沈洁, 刘悦来, 等 . 基于景观绩效系列的社区花园绩效评价体系研究 [C]//

中国风景园林学会．中国风景园林学会 2018 年会论文集．北京：中国建筑工业出版社，2018（08）．

[15] 恩杜比斯，惠伊洛，多伊奇，等．景观绩效：过去、现状及未来 [J]. 风景园林，2015（01）：40-51.

[16] 刘喆，欧小杨，郑曦．基于循证导向的景观绩效评价体系、在线平台的构建与实证研究 [J]. 南方建筑，2020（06）：12-18.

[17] 住房城乡建设部．公园设计规范：GB 51192—2016[S]. 北京：中国建筑工业出版社，2016.

[18] 史承勇，张沛，李武．郊野公园景观设计思路探索——以榆林市郊野公园设计为例 [J]. 华中建筑，2016，34（10）：124-128.

[19] 上海市园林设计研究总院有限公司．郊野公园设计标准：DGTJ 08-2335—2020[S]. 上海：同济大学出版社，2022.

[20] 山西省质量技术监督局．乡村景观绿化技术规范：DB/14T 1206—2016[S/OL]. 太原：山西省林业厅 [2023-03-01].https://www.doc88.com/p-9436307863552.html.

[21] 卢求．德国可持续城市开发建设的理念与实践——慕尼黑里姆会展新城 [J]. 世界建筑，2012（09）：112-117.

[22] 住房城乡建设部．城市绿地设计规范（2016 年版）：GB 50420—2007[S]. 北京：中国计划出版社，2016.

[23] 德国戴水道设计公司．新加坡碧山宏茂桥公园与加冷河修复 [N]. 中华建筑报，2013-06-04（012）．

[24] 吴漫，陈东田，郭春君，等．通过水生态修复弹性应对雨洪的公园设计研究——以新加坡加冷河—碧山宏茂桥公园为例 [J]. 华中建筑，2020，38（07）：73-76.

[25] 吴漫，陈东田，郭春君，等 . 通过水生态修复弹性应对雨洪的公园设计研究——以新加坡加冷河—碧山宏茂桥公园为例 [J]. 华中建筑，2020，38（07）：73-76.

[26] https://www.westernsydneyparklands.com.au/places-to-go/lizard-log/.

[27] https://ishare.iask.sina.com.cn/f/23058357.html.

[28] 易鑫，施耐德 . 德国的整合性乡村更新规划与地方文化认同构建 [J]. 现代城市研究，2013，28（06）：51-59.

[29] http://money.163.com/14/0121/07/9J3LGHN400253B0H.html.

[30] 卢求 . 德国可持续城市开发建设的理念与实践——慕尼黑里姆会展新城 [J]. 世界建筑，2012（09）：112-117.

[31] 刘涟涟 , 杨怡 . 德国生态新区的绿色交通规划——以慕尼黑里姆会展新城住区为例 [J]. 西部人居环境学刊，2018，33（02）:45-51.

[32] 郭巍 , 侯晓蕾 . 现代 MPC 社区开放空间设计探讨——以里姆（Riem）为例 [J]. 中国园林，2012，28（10）：119-124.

[33] 中国房地产研究会人居环境委员会 . 中国工程建设协会标准：绿色住区标准（CECS 377：2014）[S]. 北京：中国计划出版社，2014.

[34] 国家质量监督检验检疫总局，国家标准化管理委员会 . 城市公共休闲服务与管理导则：GB/T 28102—2011[S/OL]. 北京：全国休闲标准化技术委员会 [2023-03-01].https://wenku.baidu.com/view/8c417048081c59eef8c75fbfc77da26925c596c9.html?_wkts_=1681783680709&bdQuery= 城市公共休闲服务与管理导则 .

[35] 中国生物多样性保护与绿色发展基金会 . 绿色校园评价标准：GB/T 51356—2019[S]. 北京：中国建筑工业出版社，2019.

[36] 杨鑫 . 经营自然与北欧当代景观 [M]. 北京：中国建筑工业出版社，2013（07）.

[37] 吴晓，顾震弘 .Bo01 欧洲住宅展览会，马尔默 , 瑞典 [J]. 世界建筑，2007（7）：49-53.

[38] 李鹏影 , 刘建军 . 以城市事件为契机的旧工业区改造与再发展研究——以瑞典马尔默住宅展为例 [J]. 国际城市规划，2015，30(02)：87-94.

[39] 韩西丽，斯约斯特洛姆 . 风景园林介入可持续城市新区开发 瑞典马尔默市西港 Bo01 生态示范社区经验借鉴 [J]. 风景园林，2011（04）：86-91.

[40] https://bbs.zhulong.com/101020_group_201866/detail10059870/.

[41] https://www.archdaily.com/59740/alila-villas-uluwatu-woha.

[42] http://www.iarch.cn/thread-13960-1-1.html.

[43] 杨扬 . 塞班岛度假酒店设计 [D]. 北京：清华大学，2016.

[44] 吕勤智 . 对德国沃尔夫斯堡“大众汽车城”设计分析的感悟 [J]. 中国建筑装饰装修，2006（6）：250-259.

[45] https://wenku.baidu.com/view/68fc35a8d5d8d15abe23482fb4daa58da1111c76.html.

[46] https://mooool.com/porsche-pavillon-by-henn.html.

[47] 住房和城乡建设部 . 城市绿地规划标准：GB/T 51346—2019[S]. 北京：中国建筑工业出版社，2019.

[48] 住房和城乡建设部 . 城市水系规划规范（2016 年版）：GB 50513—2009[S]. 北京：中国计划出版社，2016.

[49] 住房和城乡建设部 . 城市道路工程设计规范：CJJ 37—2012[S]. 北京：中国建筑工业出版社，2016.

[50] 中国城市规划设计研究院 . 城市道路绿化规划与设计规范：CJJ 75—97[S/OL]. 北京：住房和城乡建设部，[2023-03-01].https://www.yuanlin.com/rules/Html/Detail/2006-4/308.html.

[51] 牛琳 . 基于儿童行为学的城市公共儿童活动场地设计的研究——以澳大利亚悉尼达令港广场设计为例 [J]. 艺术与设计（理论），2016，2（03）：64-66.

[52] http://old.landscape.cn/works/photo/city/2014/1013/153205.html.

[53] https://wenku.baidu.com/view/263b1571c5da50e2524d7fd9.html.

[54] 莫万莉 . 层叠的水岸 EMBT 设计的德国汉堡港口新城公共空间 [J]. 时代建筑，2017（04）：58-65.

[55] 刘延超 . 基于可持续理念的汉堡港口新城更新研究 [D]. 沈阳：沈阳建筑大学，2012.

[56] 福斯特，李建 . 着眼服务未来标准的新城规划理念与时空管控策略——以汉堡港口新城开发为例 [J]. 时代建筑，2019(04)：37-39.

[57] http://www.mirallestagliabue.com/.

[58] 程丹路 . 德国新柏林布林跟步行街 [J]. 风景园林，2016（11）：98-105.

[59] 张琦，周欣萌，谢晓英 . 风景融入日常生活 -- 共享与活力：城市公园综合体构建 [M]. 北京：化学工业出版社，2022：07.

[60] 张琦，杨灏，冀萧曼 . 城市生活与城市公园综合体构建 [J]. 住区，2015（03）：42-45.

[61] 张琦，谢晓英 . 风景融入日常生活 [J]. 园林，2021，38（01）：21-28.

[62] 谢晓英，张琦，童岩，等 . 北京大栅栏片区杨梅竹斜街环境与立面整治 [J]. 住区，2015（03）：66-74.

[63] 谢晓英，张琦，周欣萌，等 . 融合与发展：景观统筹一体化建设 [M]. 北京：化学工业出版社，2023.03.